我和毛孩儿的幸福食光

——一学就会的狗狗营养餐

景小俏宠物美食课堂

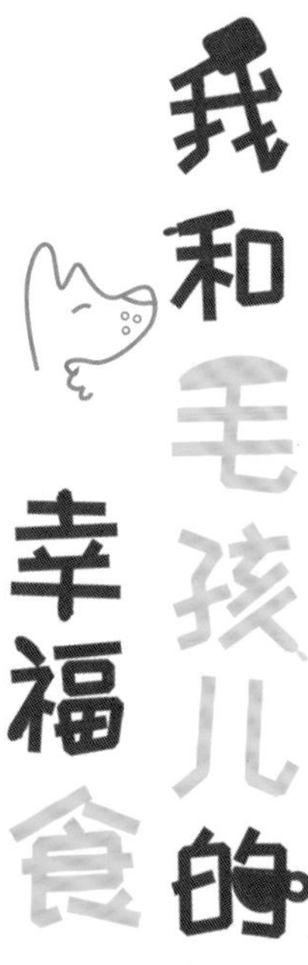

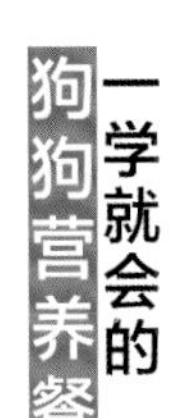

景小俏 著

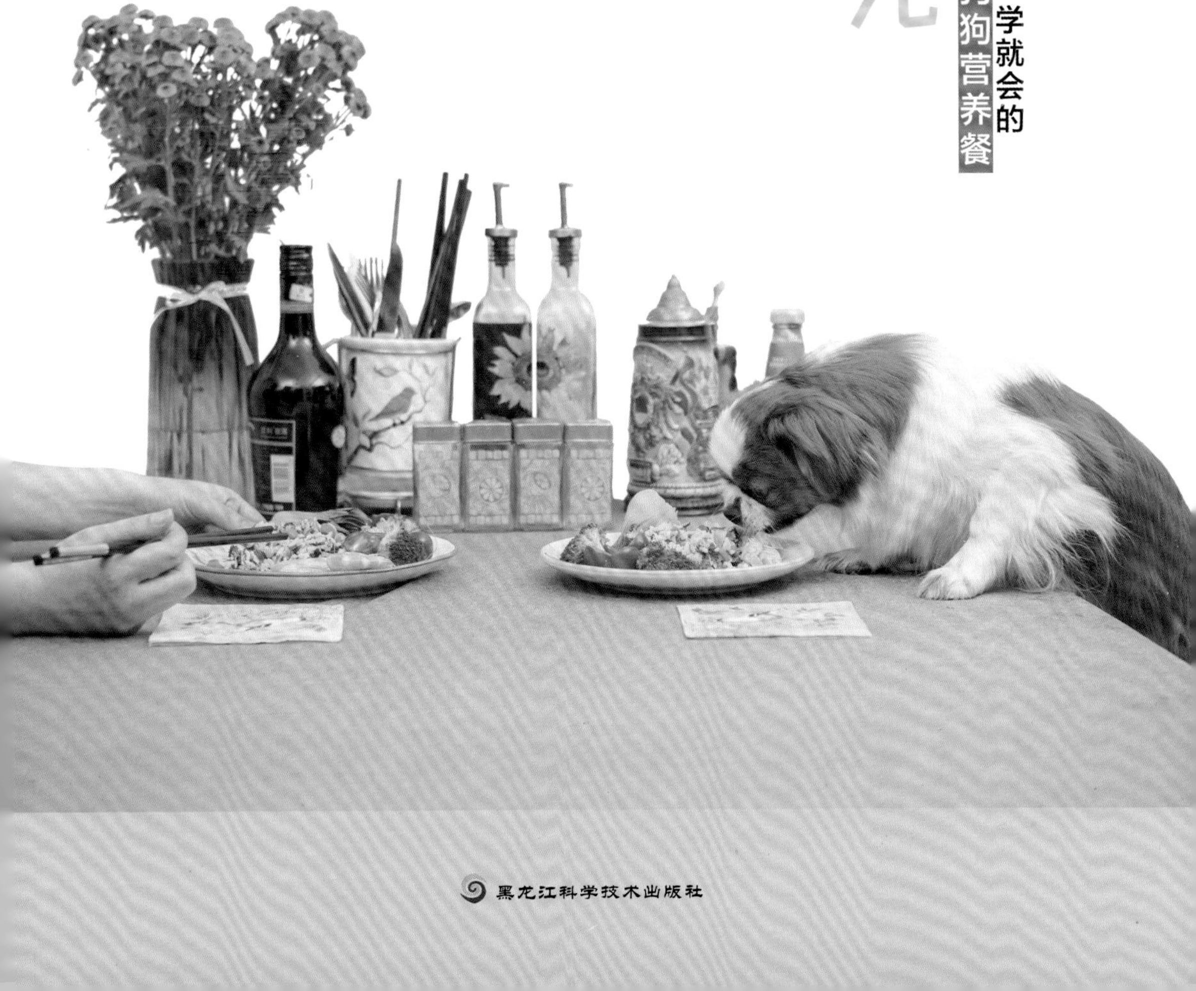

黑龙江科学技术出版社

序一

喜闻景小俏老师的新书要出版了，替她感到高兴。

中国的宠物食品行业高速发展，中国的宠物主人的需求也变得多元化，除了日常所需的主粮、干粮以外，宠物也需要吃上色、香、味俱全的新鲜烹饪食品，而且最好是有一些趣味性的小食品，比如小蛋糕、小饼干、小曲奇等，可是，传授专业的宠物美食、鲜食类书籍屈指可数。

景小俏老师是专业的宠物营养师，还有自己的“景小俏宠物营养烘焙学院”，应该说无论在理论，还是实践方面，景小俏老师都积累了丰富的经验，而这本书，恰恰是景小俏老师多年的感悟和心得的汇聚与结晶。

本书的前部分，主要介绍日常喂养小知识，给宠物主人、宠物爱好者提供了轻松易懂的常识，避免宠物主人或者那些打算为宠物做一些美食的朋友“南辕北辙”。在我们的日常工作中，也会经常遇到一些朋友满怀欣喜、兴致勃勃地为宠物烹饪食品，但有很多食材、方法都是对宠物健康不利的，甚至是有危害的。有了这本书，就可以帮助大家减少发生类似的问题。本书后半部分，我认为是非常值得珍藏的，每一款精美宠物美食的食谱介绍得非常详细。景小俏老师不吝自己多年的经验，凝聚了多年的教学智慧，最终编写出的这本书，简直就是景小俏老师亲临读者身边，手把手地教大家，这些内容在目前的中国同类书籍里是非常少见的。对于期望给“毛孩儿”做点心的朋友来说，真的是有福了。

据我所知，景小俏老师一直为中国没有这样的原创书籍而感到遗憾，今天在她的努力下，《我和毛孩儿的幸福食光》终于要与读者朋友们见面了，祝贺景小俏老师实现了自己一直以来的夙愿。

同时，我作为一名普通的宠物主人，也为中国宠物主人能有这样一本书籍而感到高兴。感谢景小俏老师的倾情付出。

序二

首先，很荣幸能给景老师的书写序。其实，已经有点儿激动得无法自持了。

这里所说的“景老师”并不是一句客套的尊称，因为景小俏确实是我的老师，我曾经跟她学习过宠物美食蛋糕制作的课程。

相信很多人都有自己在家给“毛孩儿”做饭的经历。最原始的做法肯定是弄两块肉，混点儿米饭，就算是“豪华餐”了。有意识地不加油和盐，就已经算是“科学喂养”了。通过跟景小俏老师的学习，我开始渐渐地了解了什么才是真正的科学喂养，也懂得了狗不只是吃骨头，猫不只是吃鱼。只有正确的荤素搭配，科学的配比，才能让宠物更健康、更长寿。但这样就算是宠物美食了吗？

每天给“毛孩儿”吃最营养的罐头或干粮，配上各种营养素，你觉得这样“毛孩儿”就已经是在享受生活了吗？当然不够。

随着宠物狗在家庭中地位的不断提升，宠物狗的地位早就从“跟脚的一只狗”，变成了“我家主子”。宠物狗的饮食早就从吃得饱、吃得好，提升到了吃得精致、吃得优雅的段位。

给“毛孩儿”做饭，并不是为了给它们吃两口肉，满足一下口欲。最重要的是在做饭过程中，提升和“毛孩儿”在一起的幸福感。当“毛孩儿”们抬着头，目不转睛地看着你在锅碗瓢盆之间忙碌，期待着接下来的惊喜；当“喵主子们”高傲地站在橱柜顶端，却偷瞥你手间创造的美食，那种被需要、被关注的满足感，比获得什么都要美好千万倍。更别提看着它们狼吞虎咽地享受美食，以及吃完饭后还要舔干净饭盆，然后可怜地看着你，还想再来一碗时的小眼神……内心有种被融化的感觉。

海苔脆米饼干、紫薯鸡肉夹心卷、抹茶清新小方、牛肉鳕鱼卷……听听这些名字，我都流口水了。本书中包含的可不仅仅是几十道食谱，更多的是教你如何用一种简单易懂的方法来获得幸福。

英宠摄影主理人

自序一

嗨！亲爱的读者朋友，你们好！

很高兴能在这里与你相遇，从此以后我们将成为非常亲密的朋友！

我知道你一定非常关心家里“毛孩儿”的健康情况，想亲自下厨为“毛孩儿”制作既营养又美味的食物，并下定决心当一名合格的“家长”，成为它们健康的守护神。但是，你真的准备好了吗？

从你翻开这本书的那一瞬间开始，这本书将会改变你以往的观念。你将对“毛孩儿”的饮食，有一个重新的认知，并将真正了解“毛孩儿”需要的是什么。

作为一名宠物营养师，虽然我一直倡导给“毛孩儿”天然的饮食，但是，对于不了解“毛孩儿”的人来说，天然的饮食或许会给“毛孩儿”们带来更大的伤害。网上的信息众多，难以辨别真伪和科学性，这令很多“毛孩儿”的“家长”非常困惑，到底应该怎么做，才可以让“毛孩儿”的食物更营养、更健康、更安全？这，就是我写此书的初衷。

我希望通过阅读这本书，能让更多关爱宠物饮食健康的“家长们”，学会正确地挑选食材和制作食物，为“毛孩儿”提供科学、安全的天然食物。除此之外，通过阅读这本书，知道狗狗因营养过量或营养缺乏而导致的问题应该怎样解决。

我知道，有很多“家长”都希望有一个简单的公式，直接套用就可以满足“毛孩儿”每天所需的营养。但是，我非常抱歉地告诉你们：并没有这样的捷径。只有你更了解“毛孩儿”的身体所需，了解它们的饮食习惯和口味偏好，才可以更好地为它们提供理想的食物，从而提高它们的生活品质，减少疾病的发生。

在这里，需要特别强调一件事：一旦“毛孩儿”生病，请你切记，一定要在第一时间寻求宠物医生的帮助，千万不可以想当然地当起它的食疗医生，心存侥幸地想通过食物治好它的病。这极有可能耽误最佳的治疗时间，给“毛孩儿”带来更大的伤害。你可以在咨询宠物医生后，在充分了解“毛孩儿”病情的前提下，按照宠物医生的嘱托，给予它适合的食物，以此来避免病情的加重，缓解它的病痛。

天然食物其实并没有那么神奇，适合“毛孩儿”的配方也不是宠物医生开的医疗方。很多传说中的食物作用，在特定情况下，可能并没有效果。比如，狗狗泪痕产生的原因有十几种，只有一两种可以通过食疗来缓解。当你没有足够清晰地判断出“毛孩儿”泪痕产生的原因时，便盲目地选择食物疗法，是得不到效果的。

通过这本书，我想带领“毛孩儿”“家长”们去真正地了解它们健康饮食世界中的诸多奥秘。最终使你能够利用身边最简单、最常见的食材，为“毛孩儿”制作出安全、健康的营养零食和鲜食料理。让“毛孩儿”们可以和我们一样，感受健康生活的美好。

狗狗的生命很短暂，也许它们只是你生命中的过客，但你却是它们的唯一！它们的健康值得我们花更多的时间和精力去研究、去学习。让我们一起努力，通过科学的喂养实现更长久的陪伴。

自序二

2009 年，我的“毛孩儿”——闪闪进入了我的家庭，从此，我决定要尽我所能让它过上最健康的生活。（对爱宠人士来说，“毛孩儿”一词肯定不陌生，如果你对这一词还不太熟悉的话，我需要解释一下：“毛孩儿”指的是我们所养的狗狗）

2010 年，我受邀在《名犬》杂志创办宠物营养美食专栏，并担任特约撰稿人。

2011 年，为了闪闪，我们搬了新家，离新家不远的地方有郊野公园和美丽的潮白河，闪闪有了更大的运动空间。每逢周末，我们便会带着它去河边散步，它便会自由自在地玩耍。

2013 年，我创办了国内的第一所宠物营养与烘焙美食学校，想与更多像我一样爱狗狗并关心它们健康饮食的“家长们”分享更多科学饮食的经验。

初衷很简单，希望科学饮食可以实现长久陪伴。我相信这是天下所有“毛孩儿”“家长”的心声。

时间过得真快，一转眼，来到了 2018 年。5 年过去了，我们学校为全世界输送了数百名专业的宠物营养师。让更多懂得宠物营养需求的人，可以带给身边“毛孩儿”们更加健康的饮食，提高它们的生活品质，避免不科学地喂养给它们带来伤害。我也收到过非常多的宠物饮食问题的求助信息，为很多“毛孩儿”解决了因不良饮食而引发的身体问题。看着它们一步步迈向健康，我的内心感到无比开心。

2018 年 4 月，我开始着手筹备这本书——专业宠物营养与美食出版物，我希望本书与你的相遇，将是一段温馨故事的开始。通过阅读本书，可以带给读者朋友们科学喂养“毛孩儿”的理念与方法。并且，书中与朋友们分享了很多种简单易操作的宠物鲜食料理和日常小零食的做法，并附有制作小技巧，让专业的事情变得简单和轻松。

最后，非常感谢参与这本书创作的同事、朋友们，感谢我的摄影师，可以让我诸多天马行空的想法得以完美地呈现在纸上；感谢出版社的编辑，耐心地帮我编校书稿；感谢学校的助理，把我的工作日程安排得井井有条……这是一本大家共同辛苦付出的作品，没有他们，这本书就不会顺利完成，因为大家的一起努力，才让这本书有机会完美地呈现在你的面前。

CHAPTER 01

鲜食喂养更健康

了解你的狗狗
P04

吃鲜食后狗狗的变化
P06

狗狗的必需营养素有哪些
P08

给狗狗烹饪食物的原则
P14

让狗狗爱上你给它做的饭
P16

狗狗“家长”的常见问题
P18

如何评判狗狗的体型?
P20

如何使用烤箱?
P23

如何使用食品烘干机?
P26

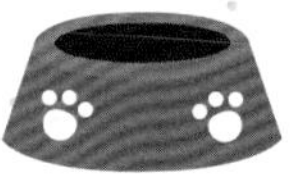

CHAPTER 02

烘干零食

豆腐鸡肉脆饼干

P30

鸡肉枸杞海苔脆片

P32

牛肚鸡肉脆饼

P34

五彩鸡肉蔬菜饼

P36

连心脆骨肉

P38

鸡肉紫薯夹心圆片

P40

鸡肉红薯小饼干

P42

花式磨牙棒

P46

牛肉燕麦胡萝卜脆片

P48

迷你小鸡腿

P50

开花奶酪鸡肫

P52

营养蛋黄粉

P54

牛肉薄脆脯

P56

兔腿海苔寿司卷

P58

奶酪大米棒

P60

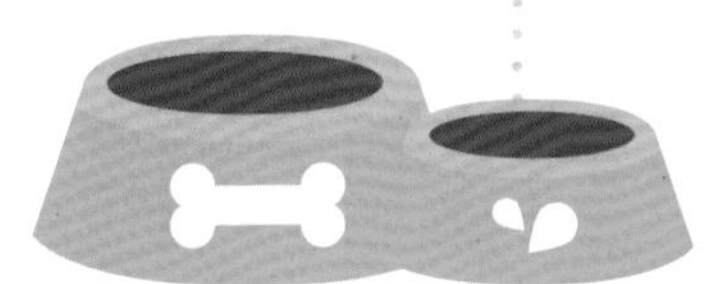

营养鸡肫片

P62

烘干鸡脆骨

P65

米奇南瓜乳酪饼

P66

香酥鸡肉干

P68

烘干牛膝盖骨

P70

CHAPTER 03

风味饼干

海苔脆米条

P74

奶香脆皮饼

P76

红薯鸡肉脆

P78

三角奶酪饼干

P80

紫薯鸡肉夹心卷

P83

抹茶清新小方

P86

西瓜脆米饼

P88

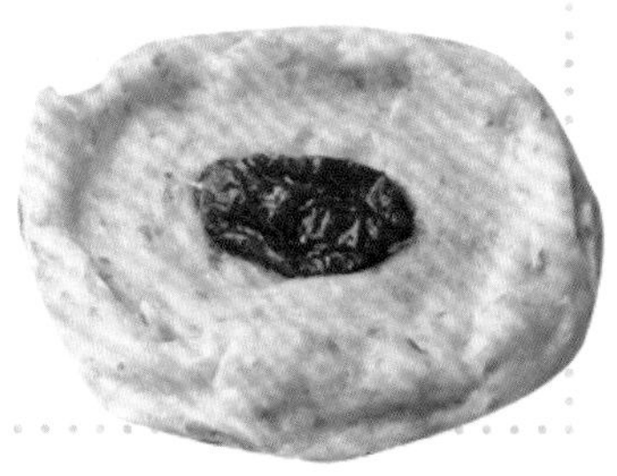

CHAPTER 04

花式料理

鸡蛋秋葵蛋糕
P92

番茄鸡肉厚蛋烧
P94

鸡肉奶酪火腿肠
P96

紫薯海苔鸡肉三明治
P98

牛肉厚蛋烧
P100

乳酪煎鸡排
P102

南瓜鱼糕
P104

三文鱼菠菜鸡蛋糕
P106

蜂蜜紫薯香蕉
P108

牛肉鳕鱼干豆腐卷

P110

日式营养饭团

P113

越南春卷

P114

香菇鸡腿豆芽饭

P116

龙利鱼黑豆苗饭

P118

鲜食喂养更健康

我养了两只可爱的“毛孩儿”，一只大金毛，名叫闪闪，还有一只小泰迪，名叫 PP，今年它们都已满 10 岁了。虽然它们已经步入老年期，但值得庆幸的是，它们的健康状况都非常好，连宠物医生们都感到惊讶，称它们的身体状况更像是处在中年期的健康狗狗，充满活力。对此，我感到非常开心，也非常欣慰。科学喂养，用心呵护，让它们健康地成长，从而实现长久的陪伴——这是我一直心存的梦想。而现在，这个梦想就在这两个小家伙身上实现了。

如果你也是一个“毛孩儿”的“家长”，内心也有一个跟我一样的梦想，那么，接下来我将与你分享我的一些有关狗狗科学饮食的知识和经验，希望能对你有所帮助。

了解你的狗狗

关注狗狗的身体情况，可以通过每年定期的体检来获得狗狗的身体健康状况，根据体检信息，及时地在日常饮食上进行相应的调整，把问题快速地解决掉。这样做的好处是可以帮助狗狗预防很多危害健康的问题或是疾病，减少痛苦。

作为一名合格的“毛孩儿”“家长”，首先你要了解它的基因特点，熟悉它的犬种和特性，只有这样，才能正确地选择适合他的食物，用科学的方法喂养，从而保证它健康地成长。

有一些犬种的狗狗，会有一些先天的基因缺陷，我们可以通过不同的营养调节，将这些缺陷所带来的健康隐患降低，或者减缓它们的病痛，比如，梗犬往往会因皮脂分泌过旺的问题而易引发皮肤疾病。很多“家长”都知道，三文鱼是狗狗们最理想的美毛食品，但对于梗犬种的这种皮肤病却并不适合食用。三文鱼是高脂肪类食物，这种食物会加重它们的皮肤病。如果你不了解这些知识，就很有可能给你家的“毛孩儿”错误地喂食和护理，造成更严重的后果。

我曾经看到过一个“家长”，选择以肉类为主，配合丰富的蔬菜给“毛孩儿”制作鲜食，因为选择了猪五花肉，又添加了大量提香的油脂，闻起来确实十分香，但“毛孩儿”吃完后经常腹泻。他很苦恼。

有一位“家长”告诉我，他给他家“毛孩儿”制作的食物主要选用牛肉为主，搭配的蔬菜和水果也十分优质和丰富。可经过 1 年的喂食后，宠物医生告诉他，狗狗的缺钙很严重。他很惊讶。

还有一位刚养狗狗的年轻“家长”，在通过朋友的推荐后给他家的“毛孩儿”制作了很多三文鱼油，存放在家里每日给狗狗食用。他本想通过这样让狗狗毛发生长更加理想，但没想到，经过几个月的时间，狗狗出现了严重的掉毛现象。原来，他自制的三文鱼油，经过了长时间的氧化反应，脂肪出现了变质，但他却没有发现。

我的身边有很多宠爱自家“毛孩儿”的“家长”，为了让“毛孩儿”吃得更好，不惜花重金选购优质的食材，每天亲自下厨为它们制作鲜食。可经过一段时间的喂食后，却惊奇地发现，“毛孩儿”的身体并不像他们想象中的那样变得更好了，有的甚至还出现了严重的健康问题。这令他们非常苦恼，却不知道问题出在哪里。

最可怕的是，有的“家长”竟然将制作人类零食的方法套用制作宠物食品。有位“家长”给自家的“毛孩儿”制作了香甜可口的果冻，却因为硬度较高，狗狗吞下一整个果冻后，卡在咽喉处下不去，导致窒息而亡。这些现实中的例子，都是因为“家长”们对狗狗和食材的了解不够充分而导致的，值得每位“家长”引以为戒。

吃鲜食后狗狗的变化

我们所讲的营养均衡，是指食物中应该包含狗狗身体所必需的各类营养素，丰富且充足。我们对30位使用科学鲜食喂养的“家长”进行了调查，他们采用优质的肉类为蛋白质的主要来源，并且保证充足的日常所需的营养素。经过长达3个月的鲜食喂养后，我们惊奇地发现狗狗们的身体发生以下变化：

◆毛发改善

因为有优质的蛋白质来源，狗狗们对食物中的营养吸收得更加充分，蛋白质的利用率大大提高，使得毛发量和光泽度都有了明显的改善，尤其是患有皮肤病的狗狗，有一些患病部位的背毛开始出现新生。

◆便便少了

当食物中的营养被充分地消化后，需要排出体外的废物就所剩无几了。所以，吃鲜食的狗狗的便便会较之前吃干粮时少很多，并且，臭味也变小了。

◆进食乐趣提高

很多“家长”反映，自从给狗狗们吃鲜食，狗狗每天吃饭前的行为发生了很明显的改变，它们更加期待食物的到来，也更加服从主人的口令，甚至吃完后还要把盆舔干净。因为我们烹饪方式的改变，使得狗狗们的进食乐趣提高，它们对食物有了更高的期待。

◆抵抗力大大提高

自制狗狗鲜食，可以灵活地选择时令食材，根据一年四季来为狗狗制作当下最新鲜、最营养的食物。优质食材的选用和符合狗狗身体需求的配比，使得狗狗身体的抵抗力大大提高，免受疾病威胁。

除了以上狗狗们的明显变化外，在给狗狗们制作美食的过程中，“家长”们的饮食习惯也在潜移默化中发生着改变。因为给狗狗们制作的鲜食选用的都是天然食材，有些“家长”也会与狗狗们一起分享美食，只是他们会为自己的那份添加些自己喜爱的调味料。他们说，这些食物都十分健康，不油腻，并且有着非常浓郁的食物原本的味道。原来，学会了健康的宠物饮食法则，对自己的生活也有着不小的影响呢。

狗狗的必需营养素有哪些

狗狗们到底都需要哪些营养素呢？我们“家长”怎样做才能给狗狗们一个健康的身体呢？

总的来说，狗狗和人类一样，对营养素的需求一共分为六类：蛋白质、脂肪、糖类、维生素、矿物质和水。其中，蛋白质、脂肪、糖类为主要的提供能量的营养素。

◆蛋白质

蛋白质是生命的物质基础，负责细胞的生成、发育、组成器官等重要作用。氨基酸是构成蛋白质的基础单位，而狗狗们必需的氨基酸一共有 10 种，比人类还要多 2 种，这也就意味着，它们的饮食特点和人类是完全不同的。

狗狗所需要的氨基酸包括：苯丙氨酸、蛋氨酸、赖氨酸、苏氨酸、色氨酸、亮氨酸、异亮氨酸、缬氨酸、精氨酸和组氨酸。这 10 种必需的氨基酸主要存在于肉类食物中，如鸡肉、鸭肉、猪肉、牛肉、羊肉、鱼肉等，而常见的谷物食材如玉米、小麦中所含的氨基酸种类不够全面，缺少赖氨酸、苏氨酸等。

狗狗所需的氨基酸主要是从每天的食物中摄取，所以如果长期以谷物类食材为主喂食它们，很容易因氨基酸摄入比例失衡而导致狗狗营养不良，进而引发很多疾病。

◆脂肪

脂肪是食物中的重要营养素。人类目前常用的植物油、黄油、牛油、猪油、椰子油等都是富含脂肪的食材。虽然同属脂肪家族，但构成脂肪的成分却相差非常大。脂肪酸是构成脂肪的基础单位，我们把狗狗自身不能合成、必须由食物供给转化而成的脂肪酸，叫必需脂肪酸。

必需脂肪酸对狗狗身体的意义非常重要，所以，日常食谱中一定要含有能够提供脂肪酸的食材。常见的狗狗必需脂肪酸中，以亚油酸、亚麻酸、花生四烯酸最为重要。其中亚油酸和亚麻酸在植物油和动物脂肪中都有存在，而花生四烯酸却只存在于动物脂肪中。

◆矿物质

长期以肉类为主食的狗狗，往往最容易缺乏的营养素就是矿物质了，其中缺钙问题最为突出。因为肉类食物中的矿物质元素含量较少，而这一点常被很多“家长”忽略。

对于宠物来说，在身体内含量大于体重 0.01% 的矿物质，我们称之为常量元素，包括钙、磷、钾、钠、氯、镁、硫 7 种。而铜、铁、硒、锰、碘等 20 种物质在身体中的含量小于体重 0.01%，我们称之为微量元素。

狗狗缺少微量元素的现象也很普遍，像很多狗狗会出现啃家具、墙皮等问题，就有可能是其体内的微量元素缺乏的表现。

◆维生素

大多数的维生素，狗狗体内是无法合成的，必须通过食物获得。维生素对机体的新陈代谢、生长、发育、健康有极重要的作用。维生素分为脂溶性维生素（维生素 A、维生素 D、维生素 E、维生素 K）和水溶性维生素（维生素 C、B 族维生素）两类。脂溶性维生素在体内的消化需要足够的脂肪才能得以实现，如果脂肪摄入量严重缺乏，那么狗狗会面临着因脂溶性维生素代谢不充分而导致脂溶性维生素中毒。比如，动物的肝脏中富含维生素 A，尤其以牛、羊肝中的含量高。日常饮食中，不可让狗狗过量食用这类食品，以免因维生素 A 代谢不充分而导致中毒。而水溶性维生素就没有那么可怕了，在狗狗体内遍布着水分，水溶性维生素遇水后可以被溶解吸收，即使身体吸收不掉的水溶性维生素也会随着尿液排出体外，基本上不会有中毒的风险。

◆糖类

糖类为机体提供能量，但很多“家长”认为，狗狗并不需要糖类，甚至有的“家长”拒绝给狗狗喂食谷物和蔬菜。如果饮食中长期缺乏糖类，可能会造成狗狗体内的糖原存储不足，导致身体消瘦、便秘，有些小型犬还会面临着休克的风险。

一般情况下，我们给狗狗的餐食中，糖类的比例控制在 30% 以内即可。其实，狗狗对糖类的接受能力高达 75% 之多。糖类中的膳食纤维也是极为重要的营养素，虽然膳食纤维不能产生热量，但可以很好地促进狗狗的胃肠蠕动，促进排毒，保护肠道健康，并预防便秘。

◆水

水是生物体的重要组成部分，狗狗体内的水可高达 60% 之多。当狗狗体内缺水 5% 时，便会出现脱水现象。而当其体内缺水达到 20% 时，狗狗就会面临死亡的危险。现在，大多数的“家长”选择给狗狗喂食干粮，食物中的水分大大降低，如果狗狗不喜欢喝水的话，那么它极有可能会存在水摄入不足的问题。久而久之，有可能会导致一些疾病的发生，如泌尿系统结石等。如果你家的“毛孩儿”也不爱喝水，最简单有效的解决办法就是把它的干粮换成鲜食，如湿粮、罐头。这样的鲜食大多含有高达 60% 的水分，即使狗狗不爱喝水，也不需要过分担心它饮水不足的问题了。

附表：

给狗狗做鲜食常用的天然食材及功效分析

蛋白质类食物			
名称	特点	食用部位建议	小提示
鸡肉	蛋白质含量高，氨基酸种类多，脂肪含量低，易被消化和吸收。尤其适合肠胃功能衰弱的狗狗及幼犬、老年犬食用	鸡胸肉、鸡腿肉	磷含量较高
兔肉	兔肉属于高蛋白质、低脂肪、低胆固醇的肉类，有“荤中之素”的说法。兔肉极易被消化吸收。特别适合肠胃及消化能力弱和需要减肥的狗狗食用，同样适合幼犬及老年犬食用	兔腿肉	凉性食材
牛肉	牛肉中富含肉毒碱和肌氨酸，主要用于支持脂肪的新陈代谢，对增长肌肉起重要作用。牛肉含有丰富的维生素 B_6，能起到增强免疫力、促进蛋白质的新陈代谢和合成	牛里脊、牛腱子肉	偶有过敏问题

续表

蛋白质类食物			
名称	特点	食用部位建议	小提示
三文鱼	含有不饱和脂肪酸，对狗狗的皮肤和毛发的生长有着非常重要的意义，可以有效提高皮肤免疫力，美化背毛。但三文鱼属于脂肪和热量较高的鱼肉，可以对过瘦的狗狗进行热量的补充，但不适合患有胰腺炎的狗狗食用	去掉头部后的肉均可食用	有脂溢性皮炎、胰腺炎的狗狗谨慎食用
鳕鱼	鳕鱼肉中的蛋白质含量高，脂肪却很低，比三文鱼的脂肪含量要低得多，非常适合需要减肥的狗狗食用。另外，鳕鱼肝是提取鱼肝油的主要原料，富含维生素 A 和维生素 D，对促进宠物骨骼的生长非常有益	去掉头部后的肉均可食用	
鸭肉	鸭肉的蛋白质含量丰富，脂肪含量适中，脂肪酸主要是不饱和脂肪酸和低碳饱和脂肪酸，易于消化。鸭肉是含 B 族维生素和维生素 E 比较多的肉类，具有增强皮肤免疫力、保护心脏的功效。鸭肉是凉性的食材，非常适合夏天食用	鸭胸脯或鸭腿肉	凉性食材
鸡蛋	鸡蛋营养丰富，富含蛋白质、维生素及矿物质。鸡蛋中的蛋白质主要存在于蛋清中。蛋黄中的卵磷脂和锌含量丰富，对皮肤和毛发的生长发育都很有益处。但蛋黄中胆固醇含量较高，所以不宜过食，建议每星期吃 1~2 只	去壳后食用	蛋黄中的胆固醇含量较高

续表

蛋白质类食物			
名称	特点	食用部位建议	小提示
羊奶	羊奶粉中富含蛋白质、脂肪、矿物质。羊奶粉中的蛋白质含量高达25%，是液态羊奶的5倍，在日常的零食中添加羊奶粉，不仅可以提高宠物对食物的喜爱程度，更可以大大提高食物的营养价值。但要避免呕吐、胃肠胀气、腹泻等乳糖不耐症发生		
奶酪	奶酪是一种发酵的牛奶制品，其性质与常见的酸牛奶有相似之处，也都含有可以促进消化、保健肠胃的乳酸菌。每千克奶酪制品是由10千克的牛奶浓缩而成，含有丰富的蛋白质、钙、脂肪、磷和维生素等营养成分，是纯天然的食品。奶酪有奶中黄金的称号	无盐或低盐的奶酪都是给狗狗们的理想食物	脂肪含量较高，热量较高
酸奶	酸奶含丰富的钙和蛋白质，可以促进消化吸收，保健肠胃。选购时需要注意的是，一定要选不添加人工甜味剂或木糖醇的酸奶	无糖且不含木糖醇的酸奶为宜	

给狗狗烹饪食物的原则

健康的自制食物并不等于简单的食物相加，有的“家长”认为，给“毛孩儿”制作的食物，品种越丰富营养也就会越丰富。这并不完全科学。

我曾经看过不少“家长”们发给我的狗狗餐单，他们都会选择优质的肉类作为主食，并且添加了鸡蛋和丰富的蔬菜，看上去十分丰富。可经过一段时间的喂食后，却出现了营养不均衡的现象。

我们曾经做过一次调查，发现长期吃自制食物的狗狗出现营养不均衡的比例非常高，其中缺少钙、磷、铁、锌等矿物质的问题尤其突出。为此，我们在为狗狗烹饪食物的时候，一定要遵循一些原则：

◆以肉类为主

健康的狗狗日常摄入的食物中蛋白质含量应在30%左右，其中绝大多数蛋白质来源于肉、蛋、奶类的优质动物蛋白质。这就要求我们在狗狗的喂食中有不少于40%比例的肉、蛋、奶类的食材，并相应地减少植物蛋白质的比例，保证狗狗有较高的消化吸收率。家畜、家禽及海产品中的肉类都是很不错的，这些食材都富含狗狗必需的氨基酸，并且有着90%~95%的消化率。需要注意的是，在选择肉类时，一般选择脂肪含量较低的部位给狗狗食用，比如猪里脊肉和后腿肉、牛瘦肉、鸡胸脯肉等。

◆食材多变化

对于狗狗而言，食材的丰富性和多变性是非常重要的。每种食物中所含有的营养成分都是不同的，即使是含有相似的营养成分，也会有含量高低的差异。为了狗狗能够摄取到丰富而均衡的营养素，可以采用混合多种食材来为它们制作每餐的食物。当然，前提是要考虑到不同食物的营养素种类和含量，比如我们建议狗狗常吃杂粮，就要比单一的食用某一种谷物好，因为像玉米、小麦中往往缺少赖氯酸和色氨酸，长期单一的喂食会导致狗狗身体中这两种必需氨基酸的摄入不足，而导致营养素缺乏的症状。

◆低糖、低油、少盐

虽然狗狗们都喜欢甜食、喜欢高油脂和重盐的食品，但甜食可能导致狗狗的血糖指数上升，扰乱血糖稳定，进而引发糖尿病；高脂肪含量的食物易导致肥胖；而重盐的食物会让狗狗饮水量上升，加重肾脏代谢的负担。所以，日常喂食中的低糖、低油、少盐的原则就显得尤为重要。保持良好的健康饮食习惯，可以减少狗狗疾病的发生，提高喂养质量，延长其寿命。

让狗狗爱上你给它做的饭

如何做到既保证营养均衡，又能满足狗狗挑剔的口味呢？这是一个比较令人头疼的问题！为此，我给各位“家长”总结了一些小策略，供各位“家长”参考。

◆策略一

选择狗狗喜欢吃的食物，比如以动物性食材为主，也就是肉、蛋、奶等食材。除此之外，狗狗们还比较喜欢带有一定油脂的肉类、乳酪等。狗狗对于带有一点甜味的食物也比较偏爱，比如红薯、南瓜、胡萝卜、苹果等。

◆策略二

改变食物的做法，使狗狗的进食乐趣提升。常规来说，我们会将食物蒸煮熟，然后绞碎给狗狗们食用，但是久而久之，狗狗对食物啃咬的机会就会变少。这样不利于狗狗牙齿尤其是幼犬牙齿的发育。我们可以

将食物的硬度提高，增强狗狗对食物的啃咬力度；可以适当将肉类食品切成块状，这样可以增加狗狗对于食物的啃咬乐趣，爱上你做的食物。值得注意的是，一定不要给狗狗做过于黏稠的食物，它们不喜欢粘牙的感觉。

◆策略三

可以适当地改变烹饪方式。比如同样一份食材，可以经常变换烹饪方式来制作，可以采用蒸，也可以采用炒、炖、烤、煎等不同的烹饪方式。这样可以改变食物的风味，同时也能提高狗狗的进食乐趣。

◆策略四

自制一些调味料，提高食物的魅力。人类的很多调味料，宠物是不可以食用的，但是我们可以做一些像鸡肉松、鱼粉、高汤、奶酪粉、蛋黄粉、鸡肝粉等天然食品调味料，撒在狗狗食物的表面或者搅拌到食物里，一起给狗狗食用。

狗狗“家长”的常见问题

◆什么时候开始喂零食？

硬度不高的零食，如松脆的饼干和肉干类零食建议给出生 3 个月后的狗狗喂食；磨牙骨头和比较坚硬的零食，建议给 5 个月以上的狗狗喂食，比较安全；对于鲜食而言，因为其食材以高蛋白、易消化的肉类为主，并含有较高的水分，营养价值比较高，利于消化和吸收，给狗狗喂食没有限制，大小狗狗都可以。

◆怎么改正狗狗挑食？

如果狗狗有挑食的问题，我们可以尝试将食物打碎后，进行混合再烹饪。这样狗狗就无法挑出比较喜欢吃的肉类而舍弃不喜欢吃的蔬菜以及谷物类的食材。除此之外，我们可以将狗狗日常比较喜欢的食物种类覆盖在食物的表面，让它们更容易地嗅到喜欢的食物味道，增加对食物的兴趣。

为狗狗制作的食物中一定要带有适量的脂肪，狗狗都非常喜欢脂肪的味道。并且，食物中含有适当的脂肪，不仅可以提供能量，更可以提高狗狗对食物的兴趣并产生饱腹感。

◆狗狗吃鲜食对牙齿不好吗？

人类口腔环境偏酸性，所以容易产生蛀牙，但不容易产生牙结石。而狗狗和人类不同，它们的口腔环境为中性，它们不容易产生蛀牙而很容易产生牙结石。牙结石是很多狗狗牙周疾病的根源，所以要及时清理牙结石。

日常喂食中，狗狗多以吃干粮为主，但我们不难发现，即使是长期吃干粮，有些狗狗也会有非常多的牙结石。可见这与它们吃什么粮并没有关系。湿粮因为水分含量较高，更容易残留在口腔内。所以，无论吃什么样的粮，都要养成日常为宠物清洁牙齿的习惯，保证它们牙齿的健康。

◆吃了我做的鲜食，狗狗为什么会拉肚子呢?

狗狗的肠道较短，对食物的接受能力和消化能力相对较弱。对日常喂食干粮的狗狗来说，已经习惯了干粮中的食材比例及水分含量，突然改变食材的配比，会导致肠胃难以适应，所以会出现腹泻的问题。经过一段时间的鲜食喂食，狗狗习惯并适应鲜食的食材配比后，拉肚子的现象会改善。

◆每天应该给狗狗喂多少零食才算合适呢?

不同体型和运动量的狗狗每天所需要的热量是不同的，一般狗粮中都已经按每千克体重 16.7 千焦的热量设定，我们可以根据狗狗的体重进行喂食量的调整。如果经常喂零食，也要把这些零食的热量计算在内，有些热量偏高的零食，更要注意要少量喂食，否则长期高热量的摄入，会导致狗狗肥胖。

如何评判狗狗的体型?

我们可以通过观察和触摸来评判自家狗狗的体型属于哪种类型。

瘦弱

观感:

肋骨、腰椎、骨盆和全身有明显的凸起;
身体脂肪缺失;
肌肉明显缺失。

触感:

皮包骨，缺肉。

喂食建议:

优质蛋白质的摄入，中等脂肪摄入;
同时可能存在营养不良的情况，注意补充维生素及矿物质。

较 瘦

观感：

肋骨很容易看到，没有明显可见的脂肪；
腰椎的顶部可见；
骨盆骨不凸出；
腰部和腹部褶皱明显。

触感：

肋骨及其他骨骼没有明显的脂肪，但存在肌肉块。

喂食建议：

优质蛋白质的摄入；
中等脂肪摄入；
同时可能存在营养不良的情况，注意补充维生素及矿物质。

中 等

观感：

不太凸出的“沙漏”和腹部褶皱。

触感：

肋骨处无多余脂肪覆盖。

喂食建议：

优质蛋白质的摄入；
中低脂肪摄入；
保证每日运动量。

较胖

观感：

整体看起来较肥胖，看不到肋骨；
腰椎和尾巴根部上有明显的脂肪沉积；
“沙漏”和腹部褶皱难以看到。

触感：

难以触及肋骨。

喂食建议：

优质蛋白质的摄入；
低脂肪摄入；
粗纤维及含有肌氨酸和肉毒碱成分摄入，配合充足运动量；
注意骨骼、心脏等健康指数。

肥胖

观感：

腹部下垂，腹部肿胀；
脂肪大量沉积于胸部、腹部及骨盆。

触感：

除了肉什么也摸不到。

喂食建议：

优质蛋白质的摄入；
低脂肪摄入；
粗纤维及含有肌氨酸和肉毒碱成分摄入，配合恰当的运动方式；
注意骨骼、心脏、肝脏等健康指数；
注意矿物质的缺少症。

如何使用烤箱?

因为本书中有很多给狗狗做的食物都要用到烤箱，所以，在这里，有必要普及一下使用烤箱的一些基本知识。

1

烤箱按容量大小从30升到80升不等，有的甚至更大，一般烤箱容量在30升以上就可以满足家庭使用。烤箱的功率一般是1800~2500W不等，这样的功率可以适用于普通家庭。

2

家用烤箱一般是上下管模式的加热方式，打开烤箱门，我们可以清楚地看到顶部和底部分别安装有加热管。烤箱的加热管一般有“一”字形的，也有“M”形或者“U”形的，这是为了提高烤箱的受热均匀程度而设计的。

普通的家用烤箱可以分为上管加热、下管加热或者上下管同时加热模式，这是为了便于不同食物的烘烤而设计的功能。我们一般会将食物放于烤盘中，将烤盘放于烘箱的中间层，要保证食物与上、下管的距离均等，这样食物受热才更加均匀。

3

家用烤箱一般只能烘干单层的食物，如果同时放了2层烤盘，会导致食物受热不均匀，食物也不容易成熟，切记哦！

4 在烘烤食物之前需要提前预热烤箱。通常情况下，需要提前 10 分钟左右将烤箱开启，让其空转到指定温度。一般来说，预热温度需要略高于食物烘烤的温度。比如，烤饼干的温度是 160℃，那么我们的预热温度定为 170℃即可。经过提前预热，可以让食物在烘烤过程中更加稳定，从而保证食物的口感。

5 烤箱的温度有时候会有误差，也就是我们所说的烤箱的“脾气”不同，所以在烤制美食的时候不一定完全按书中指定的温度，可适当调节一下温度和时间，但需注意观察食物在烘烤过程中的状态变化。

6 如果对你的烤箱温度总是把握不好，那么建议你买一个烤箱温度计，可以将温度计放于食物旁边，这样可以准确的测出烤箱内的实际温度。

7 烤箱工作过程中，要放置于通风良好的地方，便于烤箱的散热，一般与墙壁要留 15 厘米以上的距离，烤箱顶部和侧面也不要放置任何物品。

如何使用食品烘干机？

食品烘干机，主要用于食品的脱水、烘干加工，并不能起到使食品成熟的作用。一般常用于为宠物制作肉干、磨牙骨头类的零食，还常用于水果和蔬菜的脱水加工。

◆材质选择

市场上常见的食品烘干机主要有塑料和不锈钢两种材质，塑料烘干机一般容量较小，功率也较低，使用寿命也较短，比较适合普通家庭使用；而不锈钢烘干机，一般为十至几十层不等的容量，金属材质使用寿命较长，一般的用电功率在 800~1500W 不等。有一些更大容量的烘干机功率也会随之增加，适合制作比较频繁，且制作量较大的家庭使用。

◆容量选择

小型的塑料食品烘干机容量一般 5 层，并且可以根据需要而随时调节层数，比较灵活。金属材质的食品烘干机，一般从 8~16 层甚至几十层不等，箱体是固定大小，不可调节，但可以灵活放入不同数量的烘干网来决定烘干食材的多少。

◆温度设置

一般食品烘干机的温度是 30~90℃不等，一般加工肉干和骨头类的食品，常用的是 60~70℃的温度，而对于熔点较低的食品，如奶酪制品，一般我们会使用 30℃左右的低温烘干。温度越高，烘干的时间相对就越短。所以在使用过程中，可以根据不同食物的特点来灵活调节时间和温度。

◆时间掌握

一般来说，烘干 5 毫米厚的肉干，用 1000W 功率的食品烘干机，需要用 5~6 小时，而使用 200W 功率的小型食品烘干机，可能就需要用 10 个小时。食品的厚度和含水率，同样会影响最终充分干燥的时间。所以，越湿、越厚的食品，需要烘干的时间也就越久。

◆主要用途（与烤箱的区别）

烤箱可以设置的温度为 50~250℃，而烘干机一般是 100℃以下的加工温度，所以烤箱是可以使食物充分成熟的，而烘干机不能。烤箱的工作是先烤熟后烤干的过程，而烘干机只是脱水，烘干的过程。大家要根据自己的不同需求而合理地选择不同的机器。

CHAPTER 02
烘干零食

豆腐鸡肉脆饼干

准备食材

鸡胸肉……310 克　豆腐……150 克　海苔碎……1 克　亚麻籽粉……3 克
枸杞…… 3 克

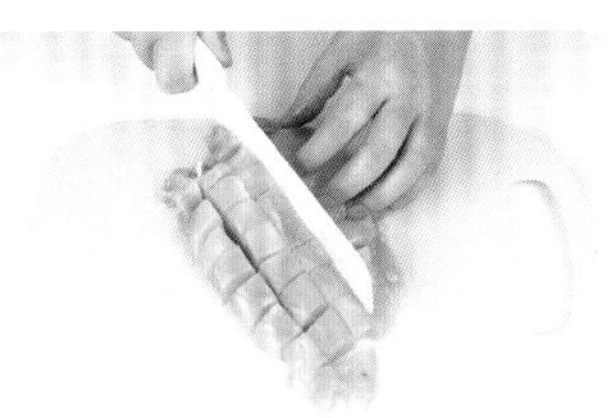

1 将鸡胸肉洗净，切成小块，然后放入料理机内打碎，呈泥状。

2 往鸡肉泥内依次放入豆腐、海苔碎、亚麻籽粉，搅拌均匀。

3 将混合均匀的豆腐鸡肉泥装入裱花袋中，挤到烘干网上并用勺子压平。

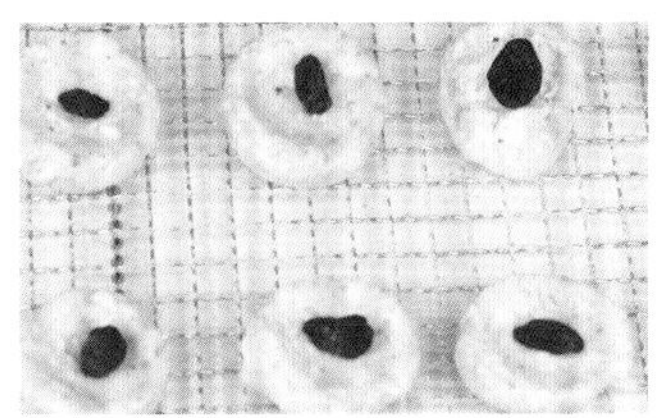

4 在每个鸡肉饼上点缀枸杞。将做好的豆腐鸡肉饼放入烘干机中，设置68℃，烘干6小时即可。

豆腐含有丰富的植物蛋白质和纤维素，有调和脾胃、促进肠蠕动和促进排便的作用，适于热性体质的狗狗食用。除此之外，豆腐还含有丰富的钙，对牙齿、骨骼的生长发育也颇为有益。

TIPS：用勺子压鸡肉饼时要蘸水，避免粘连。

鸡肉枸杞海苔脆片

准备食材

鸡胸肉…… 400 克　　紫菜……4 片　　枸杞……8 克

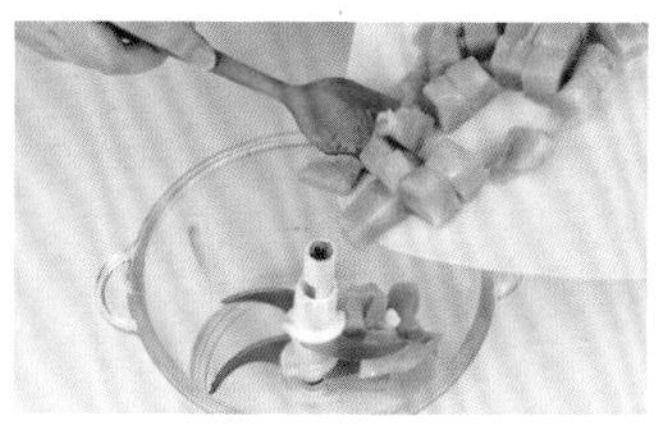

1 将鸡胸肉洗净，切成小块，然后放入料理机内打碎，呈泥状。

2 将枸杞切碎，倒入鸡肉泥，搅拌均匀。

3 将紫菜片铺平，把搅拌均匀的鸡肉枸杞泥倒在紫菜片上，抹平。

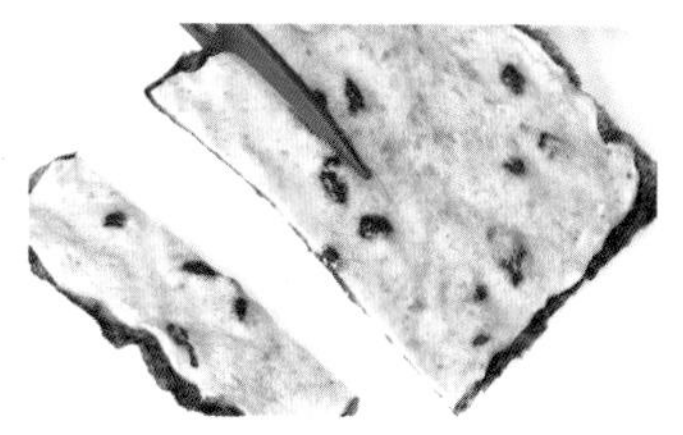

4 把抹上鸡肉泥的紫菜放入烘干机内，设置70℃，烘干5小时即可。然后切成片，就可以给狗狗喂食了。

海苔中含有丰富的B族维生素，长期食用对提高狗狗的皮肤抵抗力很有帮助。此款小零食做成了小脆片的形状，非常适合咬合力较弱的小型狗狗食用。

TIPS：买来的海苔片很薄，建议大家使用2片，免得在制作过程中出现露馅；鸡肉在烘干过程中会缩水，需要铺得厚度适中，避免成品过薄或过厚。

牛肚鸡肉脆饼

准备食材

牛肚（牛瓣胃）……500 克　鸡胸肉……250 克　白芝麻……10 克

具体步骤

1 将牛肚洗净并切成小方块备用。

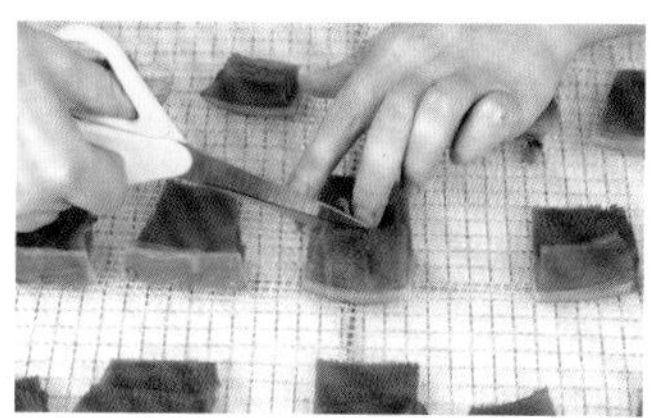

2 将鸡胸肉洗净切成小块放入料理机内打成泥状，备用。

3 将鸡肉泥装入裱花袋中，分别挤在牛肚的每层中（不要抹太多，薄一点儿即可，隔一层抹一点儿）。

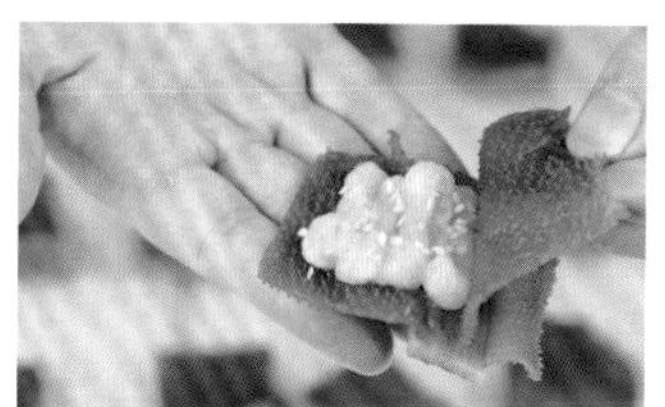

4 将抹上鸡肉泥的牛肚撒上白芝麻，放入烘干机内，设置68℃，烘干 8 小时即可。

课堂指导

牛肚（牛瓣胃）有很多层，切的时候要注意尽量保留它的层次，切成大小适合的方块，每块至少 3~4 层为宜。

牛肚（牛瓣胃）富含蛋白质、脂肪、钙、磷、铁等，营养丰富，具有补益脾胃，补气养血的功效，易消化，也非常适合肠胃功能不太好的狗狗食用。

搭配鸡胸肉，既可以增加零食的风味，又不会增加宠物的消化负担。

五彩鸡肉蔬菜饼

准备食材

鸡胸肉…… 500 克　羊奶粉……10 克　菠菜粉……2 克
南瓜粉……2 克　紫薯粉……2 克

具体步骤

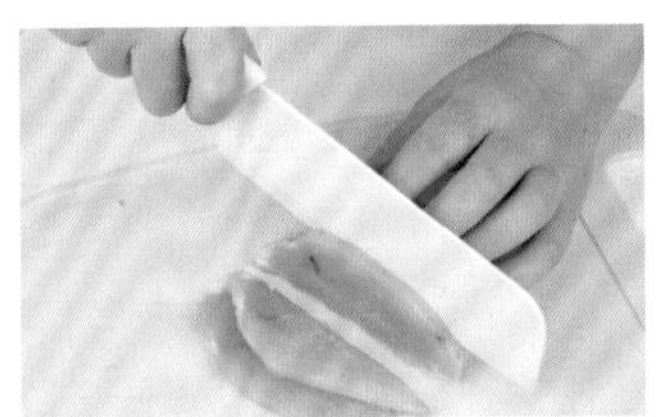

1 将鸡胸肉洗净，切成 5 毫米左右的薄片备用。

2 将 3 种蔬菜粉和羊奶粉分别与适当水混合，调成糊。

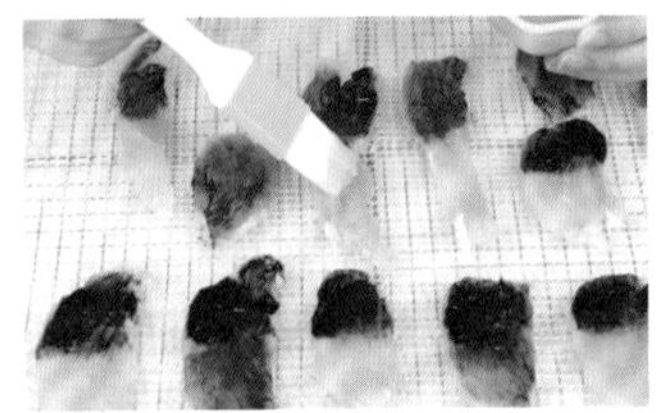

3 用小毛刷将蔬菜糊和羊奶糊一一刷在鸡肉片上。

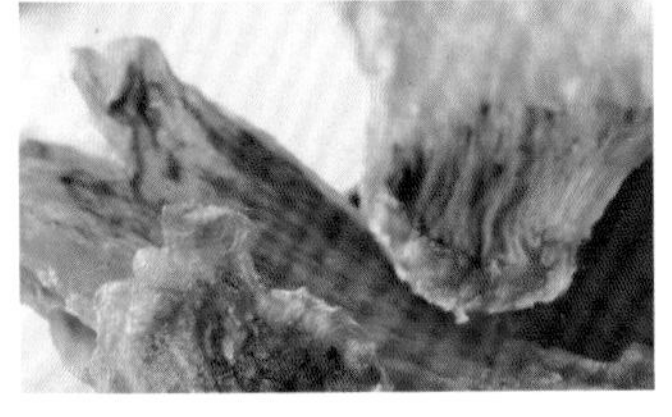

4 将鸡肉片放入烘干机内，设置 68℃烘干 6 小时即可。

肉干类的小零食富含优质易消化的蛋白质，但肉类缺少纤维素，我们可以将富含纤维素的蔬菜粉与肉类混合，让肉干的纤维素含量提高，有益于狗狗肠道的健康。

TIPS: 肉片的厚度会直接影响烘干的时间，建议切成厚度为 4~7 毫米为宜。

连心脆骨肉

准备食材

鸡脆骨……100克　猪心……300克　黑芝麻……2克

具体步骤

1 将猪心洗净切成长薄片。

2 将猪心肉片一一缠绕在鸡脆骨上。

3 将鸡脆骨摆放在烘干架上，撒上黑芝麻。

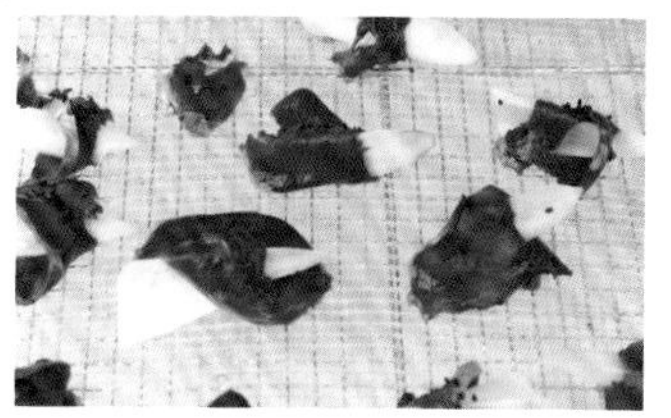

4 将烘干机设置68℃，烘干8小时即可。

课堂指导

猪心所含的营养成分非常丰富，其中蛋白质、钙、磷及烟酸，对增强狗狗心肌功能，促进神经性心脏疾病的痊愈很有帮助。

鸡脆骨是软骨部分，富含蛋白质和钙，搭配肉类制作烘干小零食非常适宜。

鸡肉紫薯夹心圆片

准备食材

鸡胸肉…… 250 克　紫薯……70 克　奶酪碎……10 克

具体步骤

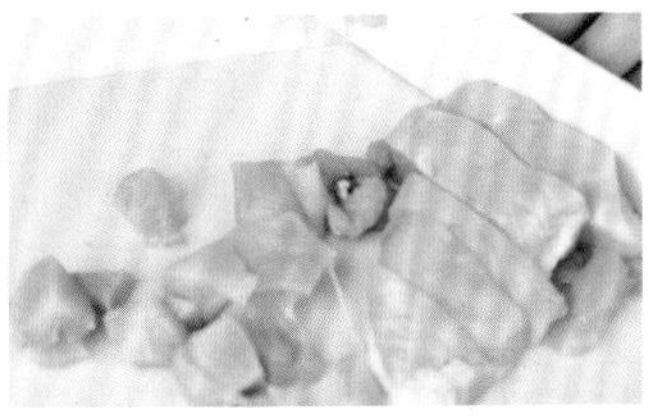

1 将鸡胸肉洗净、切丁，放入料理机内打成泥糊状。

2 紫薯去皮后，上锅蒸，蒸熟后将紫薯压成泥糊状。放入奶酪碎，拌匀。

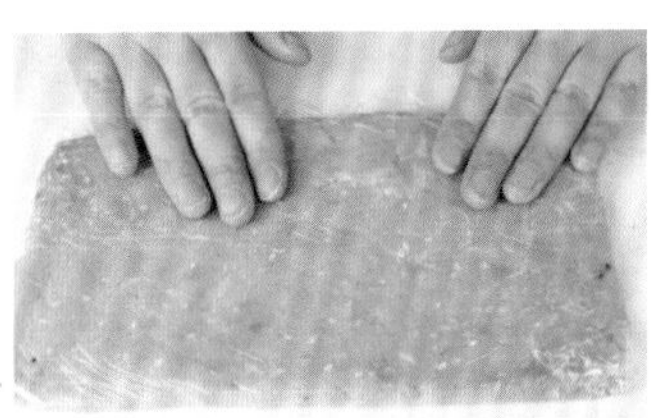

3 将鸡肉泥平摊在保鲜膜上，使之薄厚均匀。

4 将紫薯泥装在裱花袋中，在鸡肉的中间位置挤出一个圆柱形。

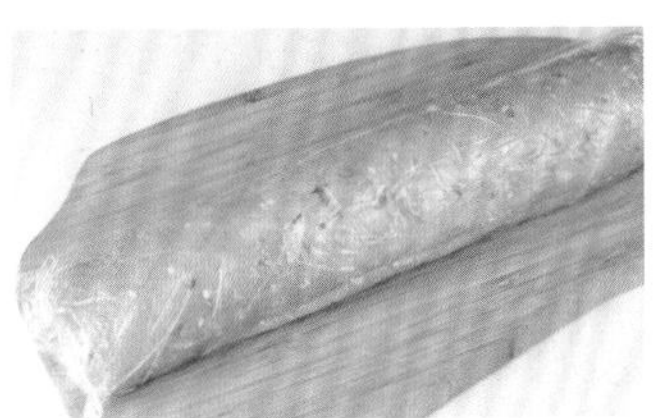

5 用鸡肉将紫薯包裹起来，放入冰箱中冷冻 1 小时，取出，切薄片。

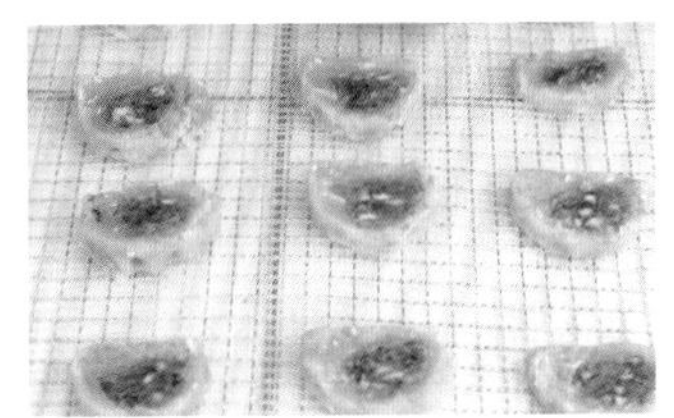

6 将鸡肉紫薯片放入烘干机内，设置 68℃，烘干 8 小时即可。

这款小零食经过烘干后，硬度较高，比较适合狗狗们当作日常磨牙小零食来食用。

紫薯中含有丰富的抗氧化剂——花青素及植物纤维素，不仅可以增强免疫力，还可以促进肠蠕动，防止便秘。

鸡肉红薯小饼干

准备食材

鸡胸肉……100 克　红薯…… 70 克　燕麦粉…… 80 克

羊奶粉…… 10 克　姜黄粉…… 少许

具体步骤

1 红薯洗净后切成小块，放入微波炉内，高温烹制3分钟蒸熟。将蒸熟的红薯放入料理机内打成泥糊状，倒入燕麦粉中。

2 将燕麦粉、红薯泥、羊奶粉、姜黄粉充分混合后，揉成小面团。

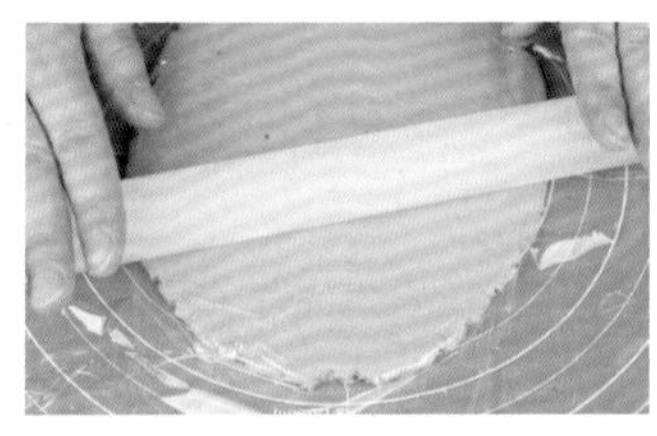

3 将面团擀成5毫米厚的薄片。

4 用小骨头形状的模具在薄片上压出小骨头形状。

5 将“小骨头”摆放在盘中，放入烤箱内，设置170℃，烤15分钟后取出，凉凉备用。

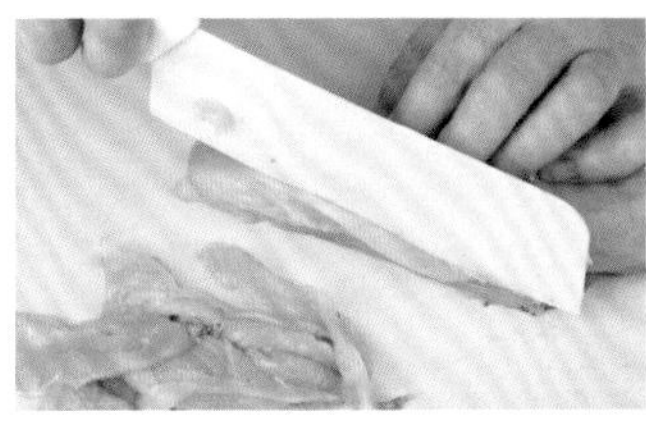

6 鸡胸肉洗净后切成薄片。

7 将鸡肉薄片一一缠绕在小骨头饼干中间。将缠上鸡肉薄片的小骨头饼干放入烘干机内，设置68℃，烘干5小时即可。

肉类与小饼干的组合，可以增强宠物食用的乐趣，让零食的口感更加丰富。饼干烘干之后，也更加容易保存。

姜黄粉不仅是一种香味料，也有药用价值。姜黄素是一种很强的抗氧化剂，且有抗炎作用，可以达到抗肿瘤的目的。但姜黄粉会略有辣味、苦味，需要注意不可过量使用。

花式磨牙棒

准备食材

鸡胸肉…… 200 克　牛板筋…… 300 克

1 牛板筋洗净后放入锅内氽水1分钟后取出，切成薄片或细条，备用。

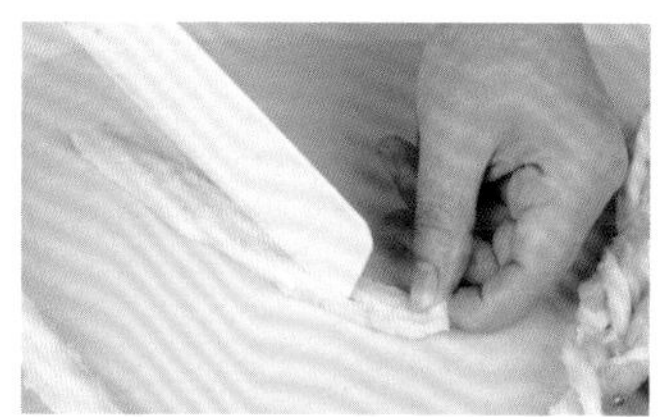

2 鸡胸肉洗净后切成薄片，备用。在牛板筋薄片上用刀切两刀，注意尾端不要切开。

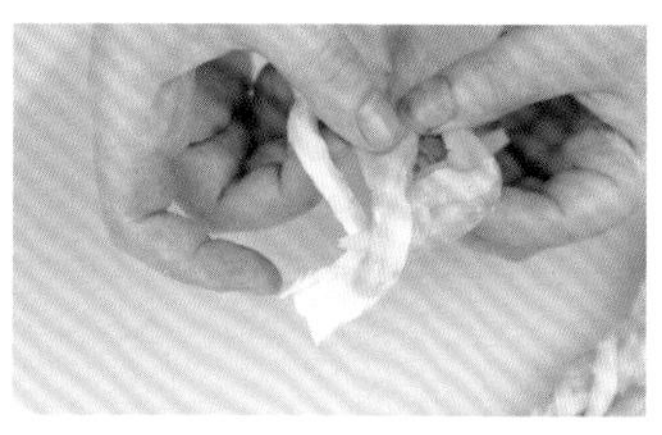

3 用三片鸡肉片与三条牛板筋一一组合，编成麻花辫状。

4 将辫好的“麻花辫”放入烘干机内，设置68℃，烘干7小时即可。

为了提高狗狗对磨牙小零食的喜爱，我们专门在牛板筋中间加入鸡肉一起烘干，可以大大增加狗狗啃咬的乐趣。

牛板筋含有丰富的蛋白质，并且韧性好，十分有嚼劲，非常适合做成狗狗日常的磨牙小零食。如果是喂食大型犬，可以切得粗一些，更加耐咬。

牛肉燕麦胡萝卜脆片

准备食材

牛肉…… 400 克　燕麦片…… 40 克　胡萝卜…… 30 克
迷迭香……少许

具体步骤

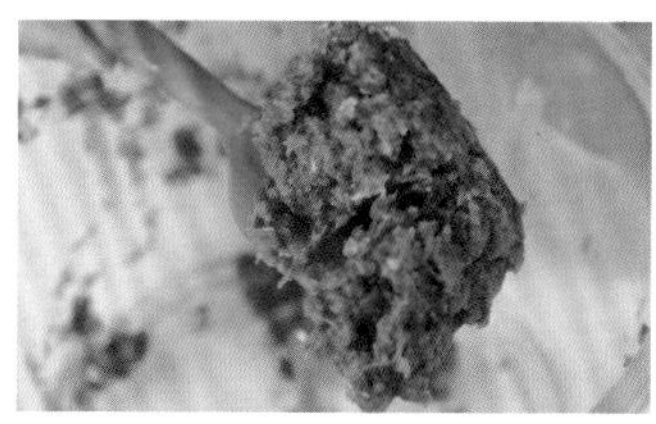

1 牛肉洗净后切小块，放入料理机内打成泥糊状。

2 燕麦片煮熟后捞出沥干水分。胡萝卜洗净后擦成丝。

3 牛肉泥中加入胡萝卜丝、熟燕麦片及迷迭香，搅拌均匀。

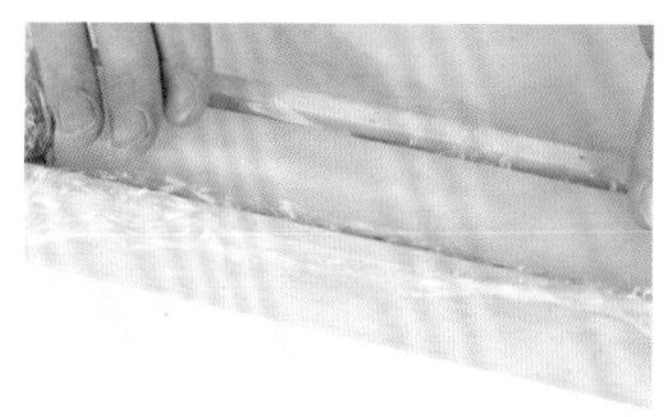

4 将混合好的肉泥平摊在保鲜膜上，卷成圆柱形，放入冰箱内冷冻 1 小时后取出。

5 将冷冻过的牛肉切成厚约 5 毫米的薄片。

6 将切好的薄片摆放在烘干网上，放入烘干机内，设置 70℃，烘干 8 小时即可。

牛肉含有丰富的蛋白质，能为狗狗提供日常所需的必需氨基酸；牛肉中含有铁元素，可以提高造血功能，防止贫血。

胡萝卜中含有丰富的胡萝卜素，可以在狗狗体内转化成维生素 A。

狗狗的日常零食中，可以适当使用草本香料作为风味调节，能够帮助狗狗提高食欲，同时迷迭香还可抑制细菌滋生，有防腐的作用。

迷你小鸡腿

准备食材

羊肋骨……250 克　鸡胸肉……500 克
奶酪碎……20 克　海苔碎……2 克

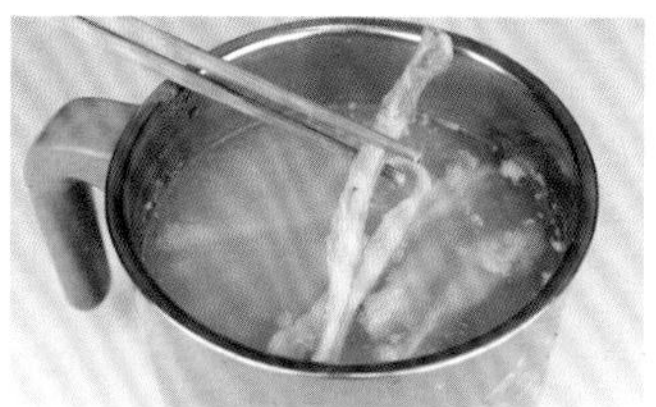

1 将羊肋骨洗净后汆水，备用。

2 鸡胸肉洗净后切丁，放入料理机内打成泥糊状。往鸡肉泥内加入海苔碎、奶酪碎，搅拌均匀。

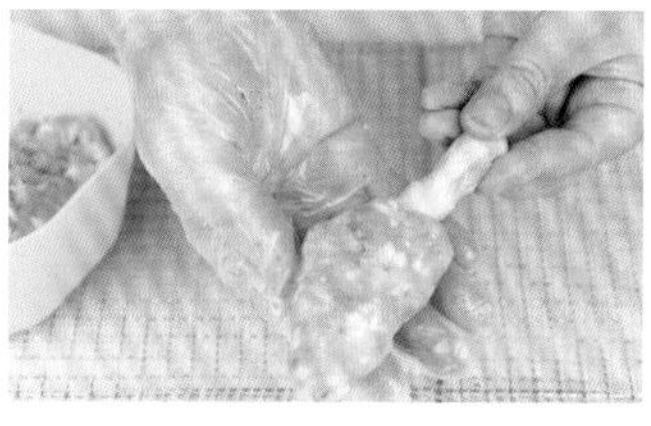

3 取适量鸡肉泥，包裹住羊肋骨的一端，用手攥实，做成小鸡腿的形状。

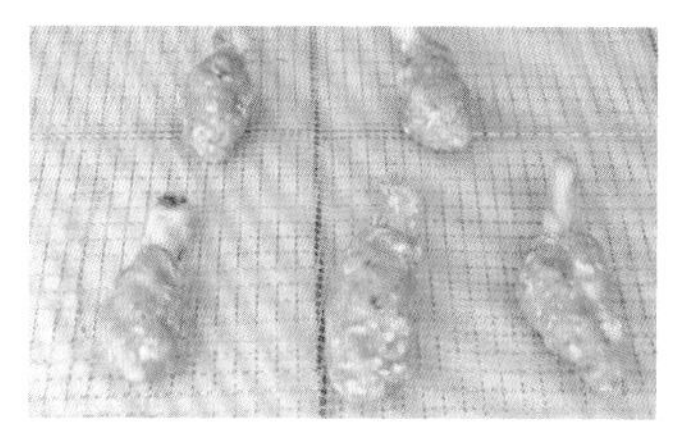

4 将做好的“小鸡腿”放入烘干机内，设置 70℃，烘干 8 小时即可。

课堂指导

这款小零食，形似小鸡腿，但因为肉泥中混合了海苔和奶酪碎，营养价值比鸡腿高很多，适合做狗狗们的日常奖励性零食。

中间部分，选择了硬度较低的羊肋骨，食用的风险度较低。羊肋骨中含有大量的钙质，配合鸡肉中的磷元素，可以很好地促进钙的吸收。

开花奶酪鸡肫

准备食材

鸡肫……122 克　奶酪碎……10 克

具体步骤

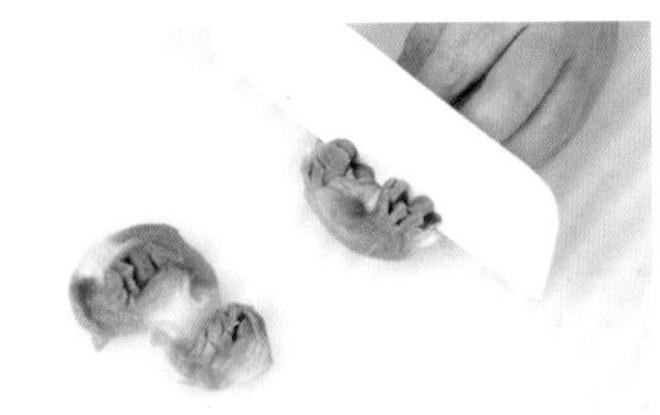

1 将鸡肫洗净，把厚的地方切成花刀，备用。

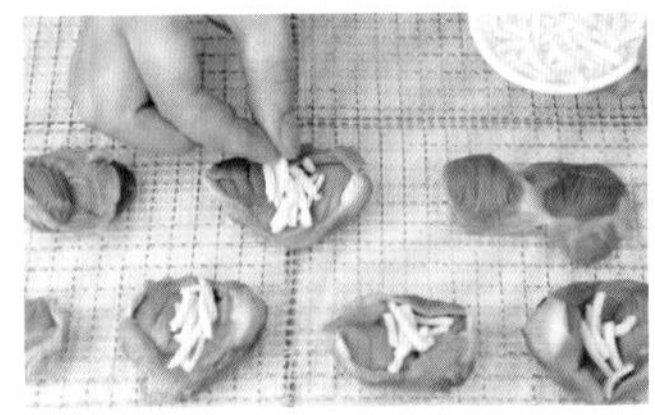

2 将奶酪碎撒在鸡肫凹陷处。将鸡肫放入烘干机内，设置 70℃，烘干 10 小时即可。

为了让鸡肫对狗狗更具有吸引力，在鸡肫中加入少量的奶酪点缀，一起烘干，可以帮助狗狗补充日常所需的钙质。

营养蛋黄粉

准备食材　鸡蛋 …… 500 克

具体步骤

1 将鸡蛋煮熟后，剥出蛋黄，备用。

2 将蛋黄切块，放在烘干网上，送入烘干机内，设置70℃，烘干 4 小时后取出。将烘干后的蛋黄放入料理机内打成粉即可。

蛋黄中含有丰富的脂肪，主要是卵磷脂，对狗狗的皮肤和毛发生长非常有益，但因其含热量较高，所以要注意避免过量食用，避免引发肥胖。

TIPS:

鸡蛋黄煮熟后尽量不要切得太碎，烘干过程容易散落。

做好的蛋黄粉可以放在密封罐中，冰箱冷藏或冷冻保存。每天可以取 5 克混合狗粮一起食用。

牛肉薄脆脯

准备食材

牛肉…… 200 克　白芝麻……10 克　紫菜……少量　水……少量

具体步骤

1 牛肉洗净，切块，放入料理机内，加入少量水打成泥状。

2 往牛肉泥内加入白芝麻和紫菜，搅拌均匀。

3 把牛肉泥倒出，平铺于盘中。将盘子放入烤箱内，设置150℃，烤1小时（或放入烘干机内，设置70℃，烘干6小时）即可。

课堂指导

牛肉含有丰富的蛋白质，能为狗狗提供日常所需的必需氨基酸；牛肉中含有铁元素，可以增强造血功能，防止贫血。

白芝麻中含有丰富的不饱和脂肪酸，尤其是亚油酸含量丰富，可以降低血液中的胆固醇含量，减少血液疾病的发生。白芝麻中还含有丰富的维生素E，具有抗氧化作用，可以有效防止皮肤干枯、粗糙，还能起到保护心肌的作用。

TIPS：最好选择牛里脊肉或者其他不含肥肉的部位，过多的脂肪会让肉脯被烘干后表面变得油腻，容易氧化变质，不易存放。

兔腿海苔寿司卷

准备食材

兔腿肉……250 克　西蓝花……20 克　海苔片…… 2 片　海苔碎…… 2 克

1 兔腿肉洗净，切丁，放入料理机内打成肉泥状，备用。

2 西蓝花洗净后剪碎，与海苔碎一起放入兔腿肉泥内，搅拌均匀。

3 将海苔片平铺，把肉泥倒出平摊在海苔片上。

4 从海苔的一端开始卷起，卷成寿司卷。

5 将寿司卷放入冰箱内，冷冻1小时后取出，切成厚约1厘米的薄片。

6 把切好的寿司卷片依次摆放在烘干架上，放入烘干机内，设置70℃，烘干8小时即可。

课堂指导

兔肉富含优质易消化的蛋白质且脂肪含量极低，对很多肠胃功能脆弱的狗狗都是理想的食材，不会给肠道造成消化负担。兔肉属凉性食材，适合夏天高温季节食用，能降低身体的燥热，有去火功效。

奶酪大米棒

准备食材

米饭…… 140 克　鸡胸肉……100 克　奶酪碎……70 克
胡萝卜…… 20 克

具体步骤

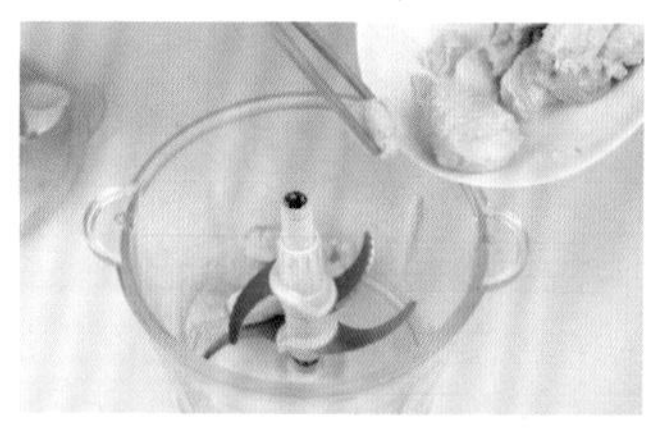

1 鸡胸肉洗净，放入锅内煮熟。将煮熟的鸡胸肉切块，放入料理机内打碎，备用。

2 胡萝卜洗净，切成细丝，备用。

3 将鸡肉碎、胡萝卜丝和奶酪碎一起加入米饭中搅拌均匀，搓成长条状。

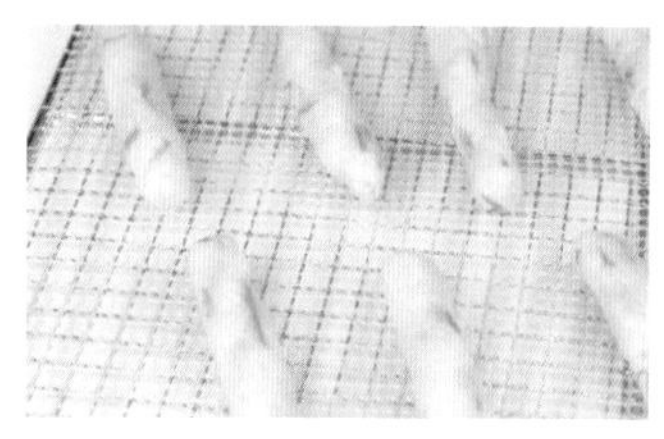

4 将搓好的大米棒放入烘干机内，设置 70℃，烘干 20 小时，至完全干透即可。

营养鸡肫片

准备食材：

鸡肫……若干

具体步骤

1 鸡肫洗净，从中间切成 2 片，备用。

2 锅中加水，煮沸，将鸡肫下水汆 30 秒，取出。

3 将鸡肫摆放在烘干机网格上，放入烘干机，设置 70℃，烘干 8 小时即可。

鸡肫，又名鸡胗，富含蛋白质，有消食导滞、助消化的功效。如果狗狗经常出现呕吐反胃的情况，可以适量食用些鸡肫。

TIPS: 鸡肫因是鸡的胃部，所以必须完全清洗干净，并用沸水汆后再烘干。

鸡肫的肉比较紧实，经过烘干后硬度提高，耐啃咬，可以当作狗狗日常奖励性零食使用。

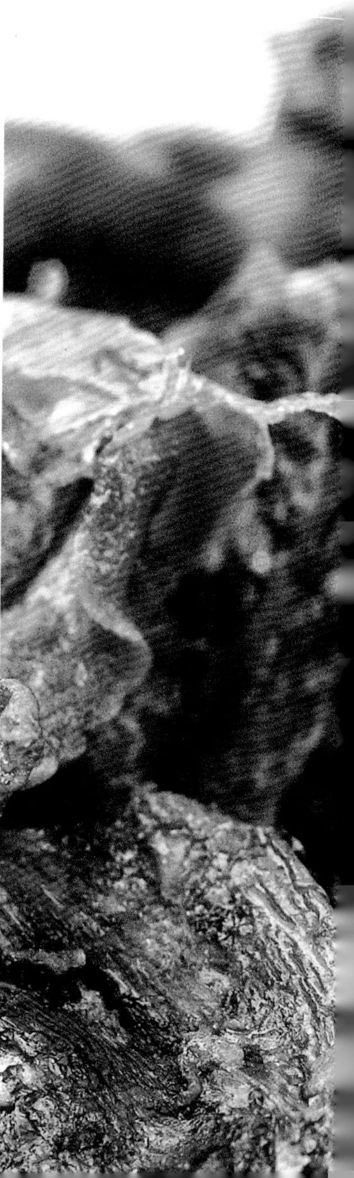

烘干鸡脆骨

准备食材：

鸡脆骨……若干

具体步骤

1 鸡脆骨洗净，备用。

2 锅中加水，煮沸，放入鸡脆骨煮 10 分钟，取出，沥干水分。

3 将鸡脆骨平铺摆放于烘干网上，放入烘干机内，设置 70℃，烘干 2 小时即可。

此款零食使用的部位是鸡锁骨的脆骨，脆骨中含有丰富的钙和胶原蛋白。煮过后的脆骨会非常柔软，烘干之后，表面水分减少，硬度适中，非常适合当作狗狗日常零食食用。

TIPS：可以在脆骨表面包裹不同种类的瘦肉一起烘干，让狗狗充分享用啃咬零食的乐趣。

鸡脆骨表面没有肉，所以彻底干燥后会十分坚硬，适口性也不如其他软骨好，建议“家长”们对其烘干的时间不要过久，需要保留一部分水分，让软骨保持硬度适中。这样，不仅可以让宠物食用起来更加安全，也会大大地提高它们的喜爱程度。

米奇南瓜乳酪饼

准备食材

鸡胸肉……150 克
燕麦粉…… 70 克
鸡肝……50 克
红薯…… 50 克
黄油……20 克
亚麻籽粉 ……15 克

1 鸡胸肉、鸡肝分别洗净、切块，入锅煮熟，取出备用。

2 红薯洗净、去皮、切块，入锅煮熟，取出压成泥状，备用。

3 将鸡肝和鸡胸肉放入料理机内，打成肉碎。

4 燕麦粉中加入黄油、亚麻籽粉、鸡肉碎和红薯泥。搅拌均匀，揉成光滑的面团。

5 将面团擀成厚约 5 毫米的面饼，用饼干模具刻出形状。

6 将面饼摆放在烤盘上，放入烤箱，设置 160℃，烤 25 分钟即可。

这款饼干香味浓郁，狗狗们都非常喜欢。红薯中含有非常丰富的膳食纤维，可以增强饱腹感，有助于狗狗减肥期间食用。鸡肉中的蛋白质含量较高，又易于消化，非常适合制作成零食食用。

亚麻籽不含胆固醇，富含纤维和 Ω−3 脂肪酸，Ω−3 脂肪酸含有有助于预防心脏病和其他慢性病的营养成分，且具有良好的修复皮肤和滋养背毛的功效。

TIPS: 将动物肝脏加入到狗狗的零食中，能有效提高食品的适口性，增加狗狗的喜爱度。但食用过量会伤身，一定要适度喂食。

香酥鸡肉干

准备食材： 鸡脆骨……若干

具体步骤

1 鸡胸肉洗净，放入冰箱冷冻 1 小时后取出。
2 将鸡胸肉切成厚约 5 毫米的薄片。
3 将鸡肉片摆放在烘干机的网格上，放入烘干机，设置 70℃，烘干 6 小时即可。

鸡肉蛋白质含量丰富，脂肪含量低，易消化，非常适合狗狗日常食用。

可以根据狗狗的喜好改变肉片的厚度，一般来说，薄一点儿的鸡肉烘干后会更薄，比较容易切断，但保存过程中也较容易碎；过厚的鸡肉片硬度上升，烘干的时间也会随之变长。一般 5 毫米到 1 厘米的厚度为佳。

TIPS: 为了确保食材的新鲜，建议每次制作 1 周的食用量为宜，密封保存。

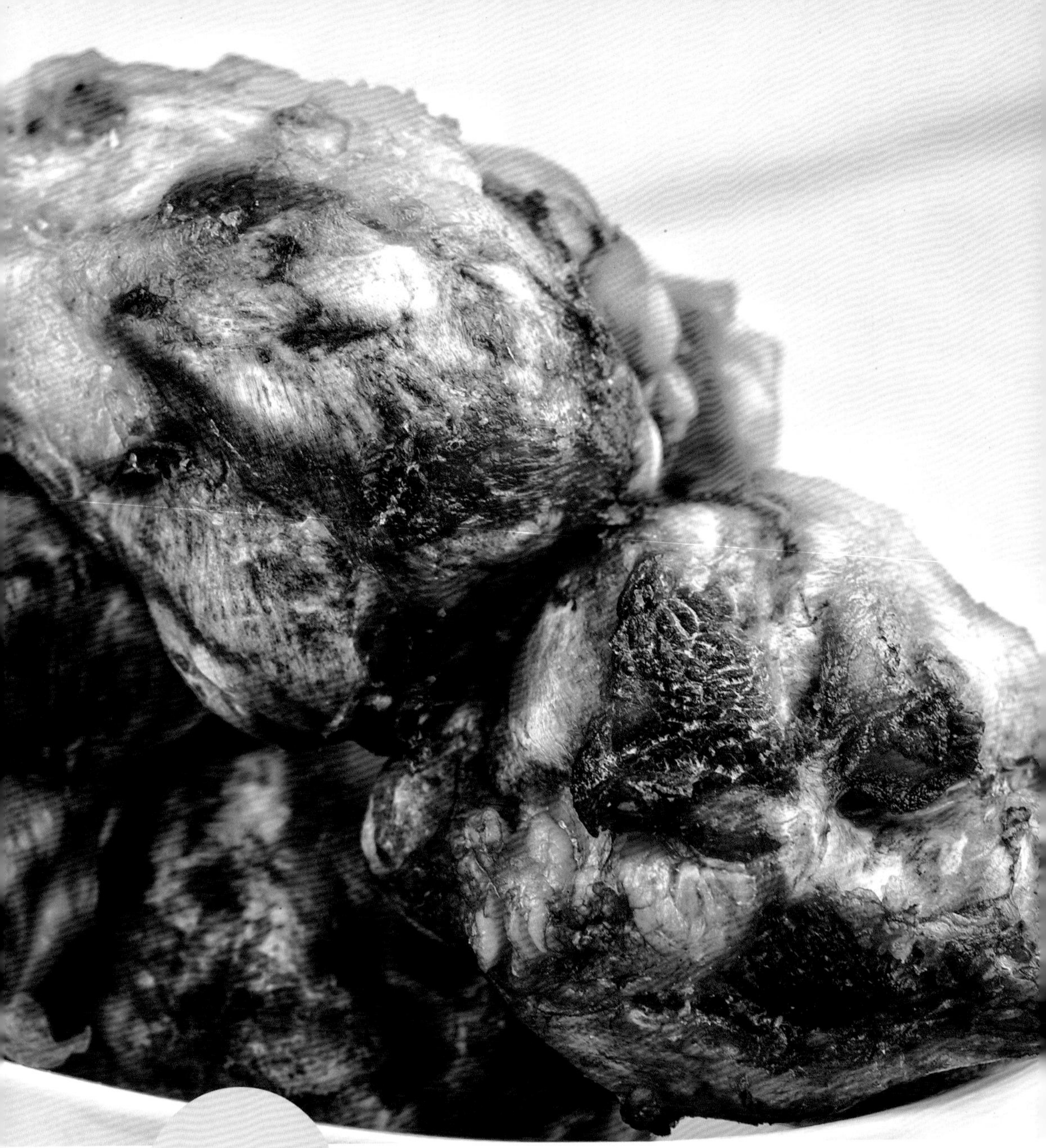

烘干牛膝盖骨

准备食材：

牛膝盖骨……若干

具体步骤

1 将牛膝盖骨洗净，备用。

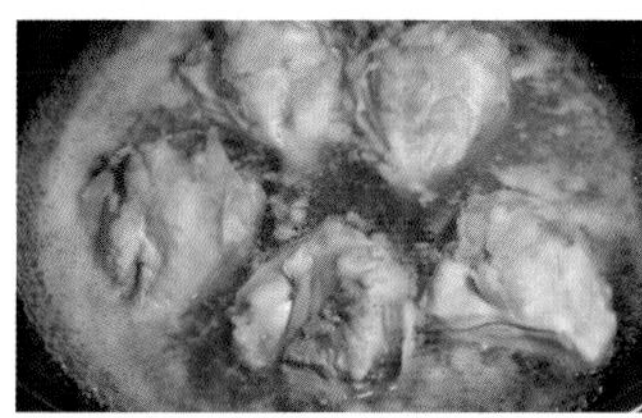

2 锅中加入水，煮沸，放入膝盖骨汆水 30 秒，取出，沥干水。

3 将牛膝盖骨放入烘干机内，设置 70℃，烘干 5 小时即可。

牛膝盖骨很像我们的拳头形状，表面以软骨组织为主，含钙量高，富含胶原蛋白。膝盖骨表面会留有少部分肉，对狗狗颇具吸引力，是一款理想的磨牙食品。

有时候我们买来的牛膝盖骨，会有肥油和筋膜残留在表面，要注意制作前将膝盖骨表面的脂肪剔除干净。

TIPS: 建议给不同体型的狗狗不同大小的磨牙骨头，比如小型犬要挑小一些的骨头，否则其无法进行啃咬，而大型犬则不要给太小的骨头，防止误吞产生危险。

磨牙零食的正确食用方法：每日在喂食干粮或者湿粮后，奖励给狗狗啃咬 5 分钟，然后及时收起并处理干净，放于冰箱中保存。次日再给，啃咬到中间硬骨头的部分时，请及时丢弃，以防止狗狗吞食后划伤肠道。

CHAPTER 03 风味饼干

海苔脆米条

准备食材

大米饭……100 克　三文鱼……100 克　羊奶粉……10 克
小苏打……1 克　海苔片…… 1 张

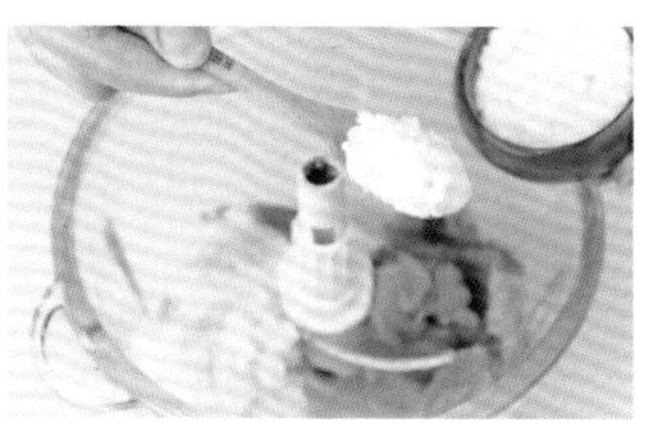

1 三文鱼肉去刺，切成小块，备用。将三文鱼肉块放入料理机内，加入大米饭、羊奶粉和小苏打一起打成泥状。

2 将打好的鱼肉泥装入裱花袋中，裱花袋的顶端剪 1~1.5 厘米宽的口。

3 将肉泥挤到烤盘中，每个约 5 厘米长。

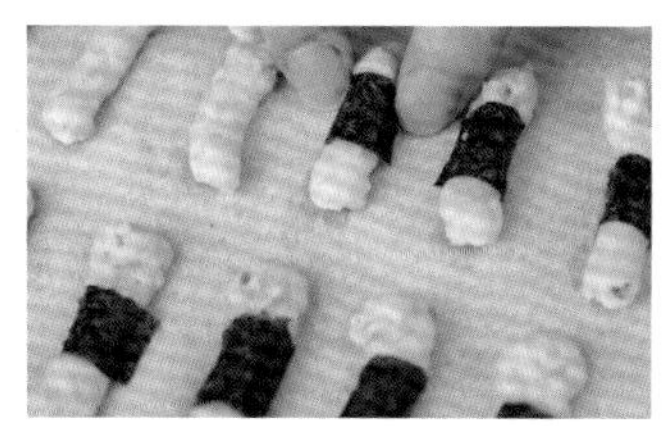

4 将海苔片剪成小块，分别粘在挤好的肉条中间。将米条放入烤箱内，设置 160℃，烤 20 分钟即可。

三文鱼中含有丰富的 Ω–3 脂肪酸，对狗狗的毛发生长及血管的健康非常有益。除此之外，Ω–3 脂肪酸对肠胃还具有消炎的功效，是一类非常理想的营养添加型食品。

奶香脆皮饼

准备食材

羊奶粉…… 5 克
鸡蛋……1 个
面粉…… 55 克
黄油……10 克
黑芝麻碎……4 克
水……80 毫升

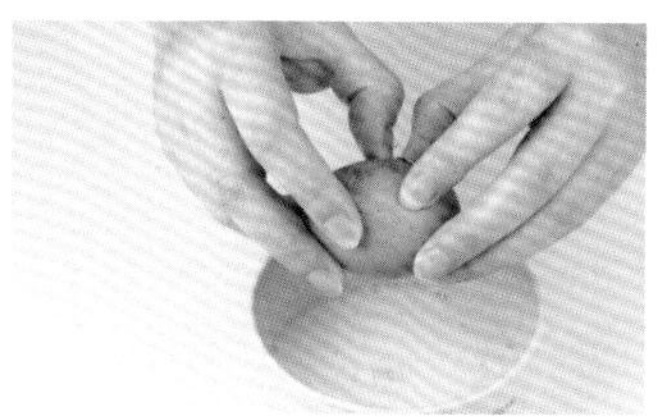

1 面粉中加入羊奶粉和水搅拌成糊状，加入一颗鸡蛋打散。

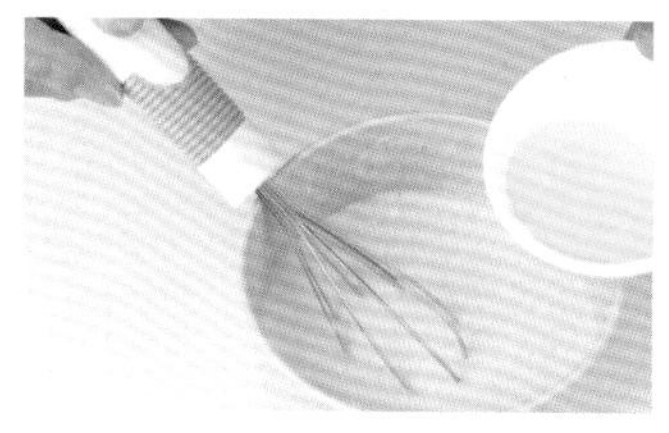

2 将黄油隔水融化后加入面糊中。

3 放入黑芝麻碎，搅拌均匀。

4 将面糊装入裱花袋中，挤入烤盘，烤箱设置 180℃，烤 20 分钟即可。

TIPS: 将黑芝麻打碎后会更容易被狗狗消化吸收其中的营养成分。

出炉后的饼干，一定要在晾晒架上放凉才会变脆。

也可以使用裱花袋挤出不同的形状再烘烤，做出喜欢的造型脆饼。

这款脆饼香脆可口，如果加入些糖，你就可以享用美味了。但切记：给狗狗的饼干千万不要加糖。

红薯鸡肉脆

准备食材

红薯……200克　鸡胸肉……150克　白芝麻……10克

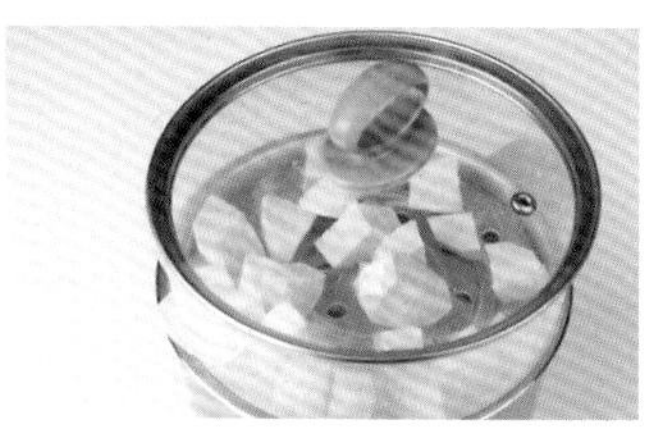

1 将红薯洗净、去皮、切成小块，放入锅内蒸熟，备用。

2 将煮熟的红薯块用铲子压成泥状，备用。

3 鸡胸肉洗净、切块，煮熟，放入料理机内打成肉碎备用。

4 将红薯泥和鸡胸肉碎混合，加入白芝麻搅拌均匀。

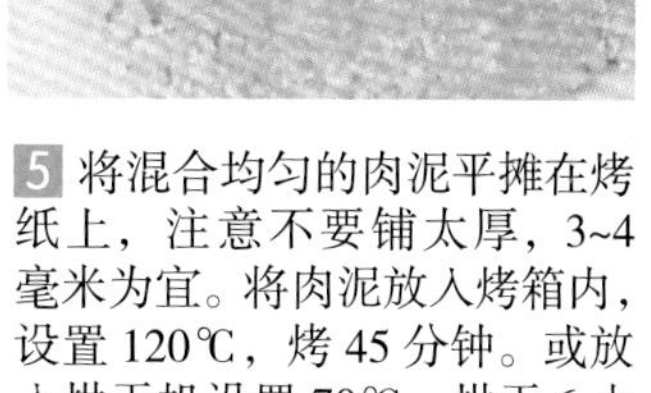

5 将混合均匀的肉泥平摊在烤纸上，注意不要铺太厚，3~4毫米为宜。将肉泥放入烤箱内，设置 120℃，烤 45 分钟。或放入烘干机设置 70℃，烘干 6 小时即可。

在富含蛋白质的鸡肉中混合大量的红薯，可使这款肉脯的纤维素含量增加，更加有益于狗狗的肠健康。其特别适合平时爱吃肉又不爱喝水的狗狗食用，可以有效防止狗狗便秘。

TIPS: 红薯肉泥不要铺得太厚，否则会延长烘烤的时间，不易干透。薄一点儿成品会非常香脆，主人可以和狗狗们一起享用。

红薯和紫薯因含有糖分，所以一次不要给狗狗食用过多，否则有可能引起狗狗胃酸分泌过多，造成胃部不适。

三角奶酪饼干

准备食材

燕麦粉……70 克　南瓜粉……10 克
奶酪……25 克　蛋黄……1 克
水……10 毫升

1 先将燕麦粉过筛，筛出细粉。在燕麦粉中加入蛋黄、南瓜粉、奶酪和水，揉成面团。

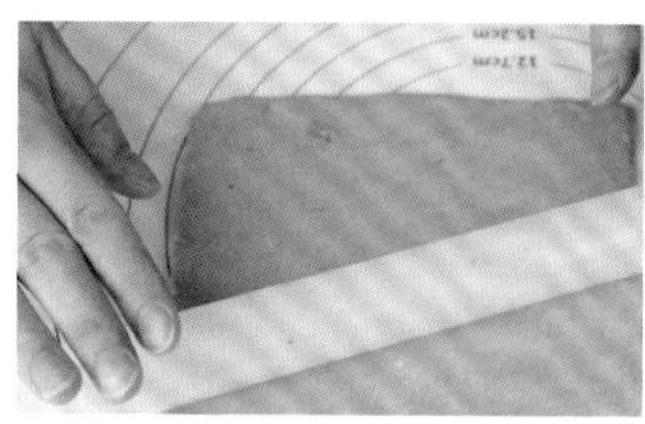

2 将面团擀成 5 毫米厚片。薄厚要均匀。

3 在面片上压出圆形印记。

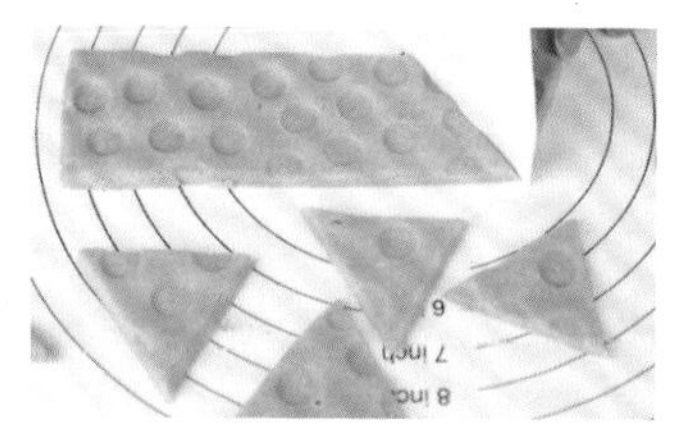

4 将面片切成三角形，然后把做好的三角饼放入烤箱内，设置 160℃，烤 18 分钟取出即可。

课堂指导

燕麦是低敏感的谷物食材，含有丰富的膳食纤维，吸水性强，有助于肥胖狗狗减肥。

奶酪中含有丰富的蛋白质、脂肪和钙等成分，是非常理想的狗狗营养补充类食品，有利于毛发的生长、皮肤抵抗力的提高和骨骼的生长发育。蛋黄中含有卵磷脂，有助于狗狗皮肤和毛发的健康。

TIPS: 这款小零食加入了奶酪和蛋黄，让狗狗能量满满。

紫薯鸡肉夹心卷

准备食材

鸡胸肉……100 克
小麦面粉…… 70 克
南瓜粉…… 10 克
紫薯粉……10 克
羊奶粉…… 10 克
黄油…… 10 克
蛋黄…… 1 个
水……35 毫升

具体步骤

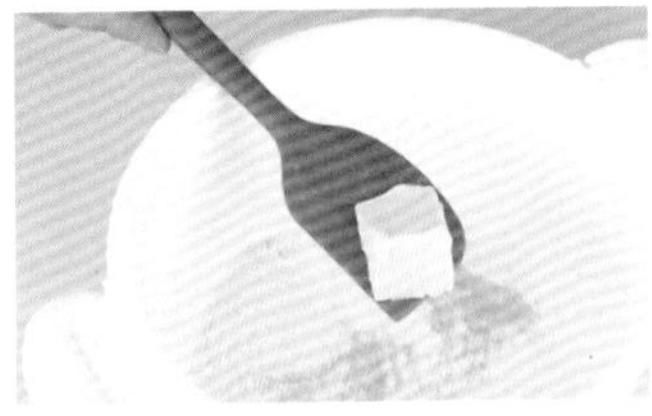

1 在小麦面粉中加入羊奶粉、南瓜粉，搅拌均匀，加入黄油和水揉成面团，备用。

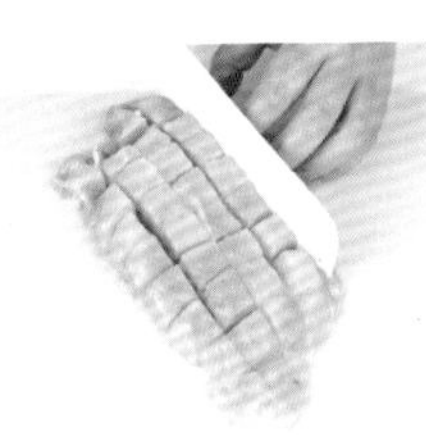

2 将鸡胸肉洗净、切块，放入水中煮熟，沥干水，备用。

3 将鸡肉块放入料理机内，打成肉泥。在鸡肉泥中加入蛋黄和紫薯粉，搅拌均匀，备用。

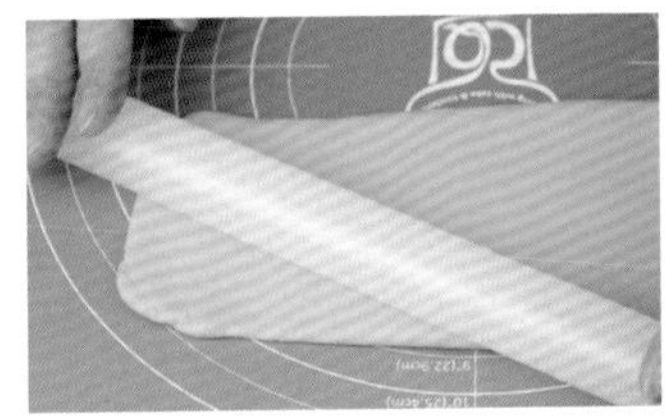

4 将面团擀成宽约 20 厘米、长约 8 厘米的长方形面片。

5 将鸡肉馅装入裱花袋中，袋口剪出 2 厘米的口，备用。

6 将鸡肉馅挤在面片的中间位置。

7 将面片两端重叠捏紧，将肉馅包裹住，然后揉成圆柱形。将揉好的夹心卷放入冰箱内，冷冻 30 分钟。

8 取出冷冻好的夹心卷，切成厚约 0.5 厘米的薄片，放入烤箱内，设置 150℃，烤 30 分钟即可。

紫薯中富含花青素。花青素是一种强抗氧化剂，对狗狗的心脏健康极为有益。并且紫薯中的膳食纤维素可以帮助肠蠕动，改善便秘问题。

TIPS: 此款饼干外皮脆硬，耐咬性好，内部馅料丰富，狗狗们十分喜爱。

抹茶清新小方

准备食材

燕麦粉……45 克　抹茶粉……2 克　黄油……10 克
羊奶粉……25 克　水……15 毫升

1 在燕麦粉内加入羊奶粉、抹茶粉、黄油和水，搅拌均匀，并揉成面团。

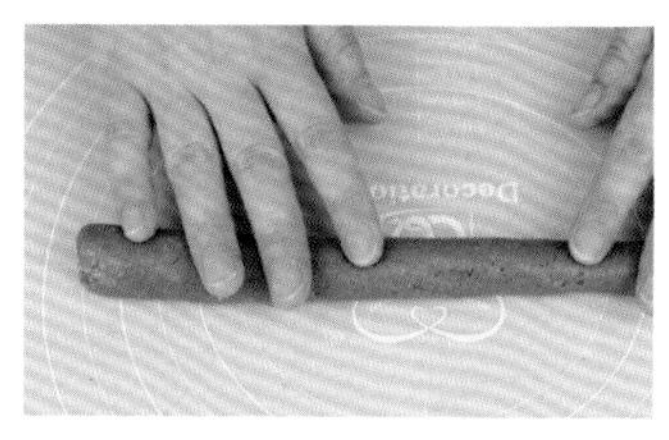

2 将面团揉成粗约 1 厘米的长条。

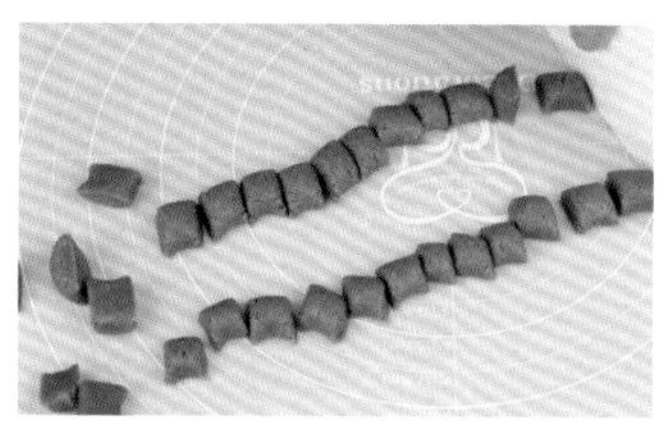

3 将面条切成 1 厘米长的小块。

4 将小面块放入烤盘内，设置 170℃，烤 15 分钟即可。

抹茶中含有的多酚类物质可以减轻狗狗的口气问题。

抹茶中含有丰富的氨基酸，且茶碱含量较低，可少量用于狗狗零食中，但不可过量使用。

TIPS: 狗狗们的饼干并不像我们吃的那样香而酥脆，黄油含量的降低，使得饼干的硬度提高，而小颗粒的形状，非常适合当作训练奖励性的零食。

西瓜脆米饼

准备食材

米饭……150 克　奶酪……100 克　红豆…… 30 克
甜菜粉……适量　菠菜粉……适量

1 红豆泡水后煮熟，备用。

2 将米饭倒入奶酪中，搅拌均匀后分成两份。

3 在其中一份米饭中加入甜菜粉和煮熟的红豆搅拌均匀；另一份米饭中加入菠菜粉，搅拌均匀。将两份米饭分别揉成饭团。

4 将绿色饭团倒入模具中，空出中心位置，靠近模具的边缘压实；将红色的饭团倒入模具的中心位置，压实。将饭团脱膜，倒出，切块即可。

课堂指导

红豆含有丰富的植物蛋白质，且含有谷物中普遍缺少的赖氨酸，有健脾益胃的功效。

TIPS: 做成西瓜棒棒糖的样子，可以淋少许蜂蜜与狗狗们一同享用。

CHAPTER 04

花式料理

鸡蛋秋葵蛋糕

准备食材

鸡胸肉……200 克　鹌鹑蛋…… 4 个　燕麦片…… 20 克
秋葵…… 1 根　胡萝卜……20 克　淀粉……3 克　食用油……少许

具体步骤

1 将鸡胸肉洗净、切块，放入料理机内打成泥状，加入淀粉搅拌均匀，备用。

2 将胡萝卜洗净、切成丝；燕麦片煮熟，捞出沥干水；秋葵洗净，切碎。分别将以上材料倒入鸡肉泥中，搅拌均匀。

3 模具中抹油，将混合好的鸡肉泥铺入一半压实，在鸡肉泥的中间部位加入鹌鹑蛋。

4 将剩余的鸡肉泥覆盖在鹌鹑蛋上，铺满模具。

5 将模具上锅，蒸 25 分钟，出锅后切片放凉后即可。

课堂指导

蛋糕中特别添加了燕麦片、胡萝卜，其含有丰富的维生素 E 和胡萝卜素，具有美毛健肤的作用。蔬菜和谷物中的膳食纤维可以促进狗狗的肠蠕动，避免狗狗便秘。

TIPS: 此款蛋糕，肉类含量高达 80%，狗狗和猫咪都可以食用。

番茄鸡肉厚蛋烧

准备食材

鸡胸肉……50 克　鸡蛋……2 个　小番茄……2 个　秋葵……1 根
奶酪碎……20 克　水……80 毫升　食用油……少许

具体步骤

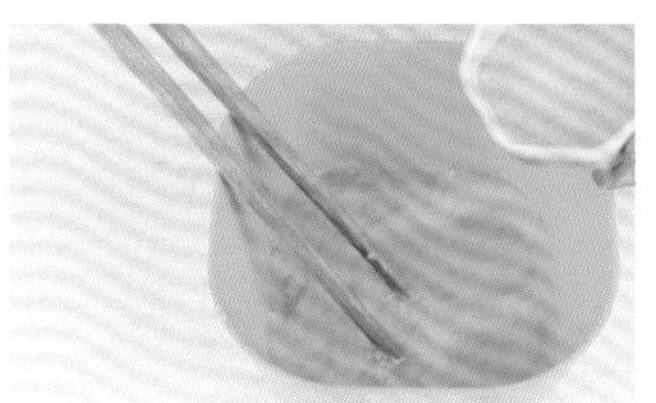

1 鸡蛋加水打散，备用。

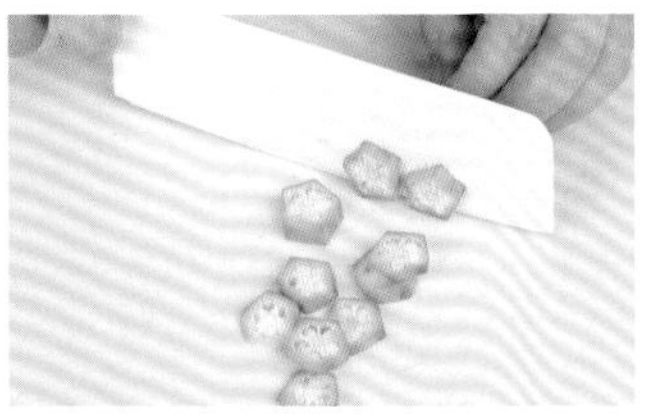

2 番茄洗净切成小片，秋葵洗净切成小片，备用。

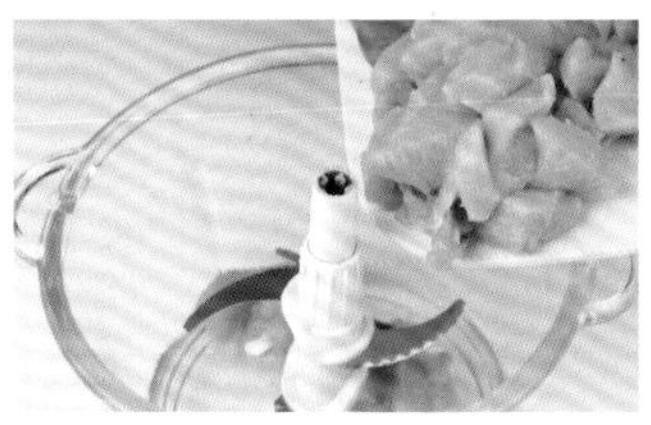

3 鸡胸肉洗净，切块，放入料理机内打成泥状。

4 将鸡蛋液倒入鸡肉泥内，加水搅拌均匀。平底锅中抹油，将蛋液倒入锅内，再放入番茄片、秋葵片、奶酪碎，小火煎至金黄色取出即可。

课堂指导

当狗狗们不喜欢吃蔬菜时，可以用这种方式将蔬菜与它们爱吃的食物混在一起进行烹饪。比如这款厚蛋烧，采用了煎的方式，让油脂覆盖在蛋烧的表面，香味十分浓郁，而蔬菜就在其中，狗狗们会一起吃掉。

特别添加的少量小番茄，不仅可以提高风味，番茄中的番茄红素还是一种强抗氧化剂，对宠物的健康十分有益，可以作为佐餐添加食用。

TIPS: 在制作这款厚蛋烧时，一定要用小火慢煎的方式，避免时间过长，导致底部烟掉。

只要在表面挤上一些番茄酱或者沙拉酱，你就可以和狗狗们一同享用啦。

鸡肉奶酪火腿肠

准备食材

鸡胸肉……250 克　胡萝卜……30 克　鸡蛋…… 1 个　淀粉……10 克

奶酪碎…… 10 克　羊栖菜……10 克

具体步骤

1 鸡蛋打散，胡萝卜洗净，切成小块，羊栖菜洗净，切碎，备用。

2 鸡胸肉洗净切小块，放入料理机内，加入鸡蛋液、胡萝卜块和羊栖菜一起打成泥状。

3 取出鸡肉泥，往里加入淀粉和奶酪碎，搅拌均匀。

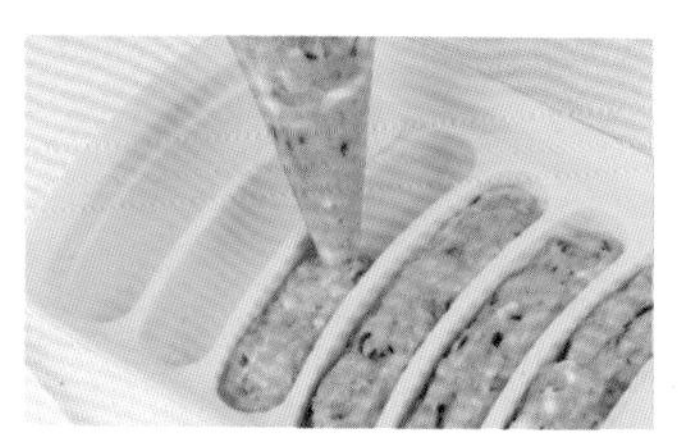

4 将搅拌均匀的鸡肉泥填入香肠模具中，上锅蒸25分钟即可。

以鸡肉为主，搭配了丰富食材的自制火腿肠，营养价值非常高，可以作为狗狗的日常佐餐。

羊栖菜，是一种营养价值非常高的海藻，富含多种氨基酸和微量元素，被日本人称为“长寿菜”，具有降低血脂、增强免疫力、抗癌的功效。

TIPS: 鲜美而滑嫩的自制鸡肉香肠，加入少量的盐，你就可以和狗狗一同享用了。

紫薯海苔鸡肉三明治

准备食材

鸡胸肉……220 克　紫薯……50 克　海苔碎……1 克　植物油……适量

具体步骤

1 紫薯洗净、去皮、切小丁，上锅蒸熟。

2 将蒸熟的紫薯丁取出，放入容器内，用铲子压成泥状。

3 将鸡胸肉洗净、切块，放入料理机内打成泥状，备用。

4 取出一半鸡肉泥加入一半海苔碎、紫薯泥，搅拌均匀；往剩下的鸡肉泥里加入剩下的海苔碎，搅拌均匀。分别将两种肉泥放入裱花袋内，备用。

5 在模具底部刷一层植物油，先将海苔鸡肉泥挤入一层，厚度为模具高的 1/3；然后再挤入一层同高度的海苔紫薯鸡肉泥。

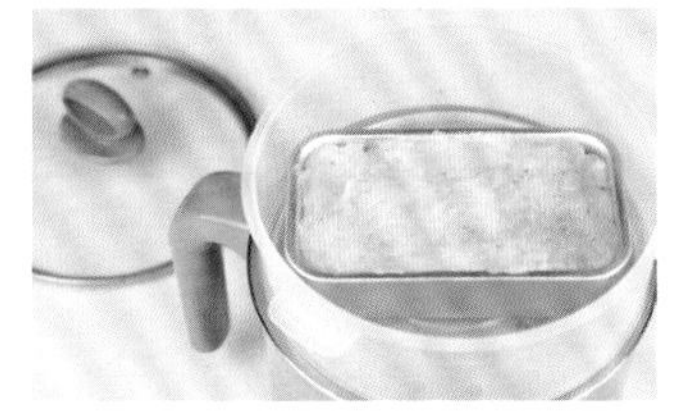

6 在表面再挤入一层海苔鸡肉泥，每铺一层都要压实。将装有鸡肉泥的模具上锅，蒸 25 分钟即可。

此款三明治营养丰富，易消化，适合各阶段的狗狗食用。紫薯中不仅含有丰富的氨基酸和纤维素，还含有抗氧化成分的花青素和硒，具有保护心脏的功效。

TIPS: 肉泥在放入模具的过程中，一定要压实，这样做出来的三明治才够紧实有弹性。

在紫薯夹心中也混合一部分的肉泥，这样两种食材才能够很好地黏合在一起，否则会出现黏不住、分层的现象。

牛肉厚蛋烧

准备食材：

牛肉……80 克　面粉……30 克　胡萝卜……20 克　西蓝花……20 克
鸡蛋……2 个　水……80 克　食用油……适量

具体步骤

1 将鸡蛋、水和面粉混合到一起，调成均匀的鸡蛋液。
2 胡萝卜和西蓝花切碎。
3 牛肉用料理机打成肉碎。
4 平底锅中刷少量的油，倒入薄薄的一层鸡蛋液，撒入胡萝卜，西蓝花及牛肉碎。
5 待鸡蛋皮稍微凝固时卷起鸡蛋皮。
6 在平底锅空隙的部分继续倒入剩余的蛋液，缓慢分层卷起。
7 将蛋卷的表面煎至金黄色出锅，放凉后切块食用即可。

用鸡蛋液层层包裹住牛肉和蔬菜，看上去非常有食欲。而肉类和蛋类都是富含优质蛋白质的食材来源，这两类食材的组合，让这款鲜食的营养价值大大提高，而宠物对于煎这种香味浓郁的烹饪方式也异常喜爱。时常变换烹饪方式，也会让狗狗对食物充满兴趣。

TIPS：换种方式，你就可以和狗狗们一同享用这款美食了。比如，我们可以准备一些番茄酱，酸甜的口感非常清爽，厚厚的蛋饼中层层的肉馅，一口咬下去汤汁四溢，一定会让你爱上这款美味。

乳酪煎鸡排

准备食材

鸡胸肉……1 块　马苏里拉奶酪……10 克
海苔碎……少量　植物油……少量

1 鸡胸肉洗净、水平横切，一分为二。在鸡胸肉表面切井字格，注意不要切断。

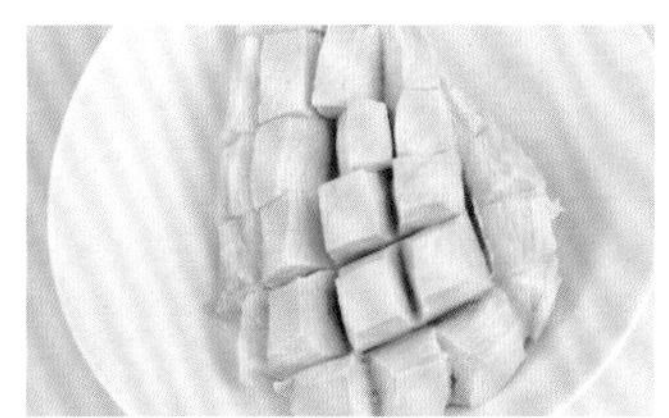

2 将鸡胸肉放入沸水锅内，氽水，至八分熟，捞出。

3 平底锅中放入少量油，将鸡胸肉放入，小火煎。

4 在鸡胸肉的井字格面撒入马苏里拉奶酪，煎至两面金黄取出装盘，撒上海苔碎即可。

经常变换烹饪方式，可以提高狗狗对食物的兴趣，煎过的鸡胸肉排，散发出焦香的味道，会让狗狗十分兴奋。

马苏里拉奶酪遇高温便会融化，会渗入鸡胸肉的井字格中，每一口都可以吃到奶酪和鸡肉的香味，会让狗狗欲罢不能。

TIPS: 将鸡胸肉水平横切成两瓣，使肉片变薄，容易熟。

在鸡排的表面撒些食盐和胡椒，你就可以同狗狗一起享用了。

南瓜鱼糕

准备食材

龙利鱼……379 克　　鸡蛋……1 个
南瓜……100 克　　枸杞……3 克
菠菜……20 克　　植物油……少量

具体步骤

1 南瓜洗净、切块，入沸水锅内焯熟，备用。菠菜洗净、切段，入沸水锅内焯水，捞出，备用。

2 龙利鱼肉去刺，切块，放入料理机内，加入枸杞、鸡蛋、南瓜块一起打成泥状。

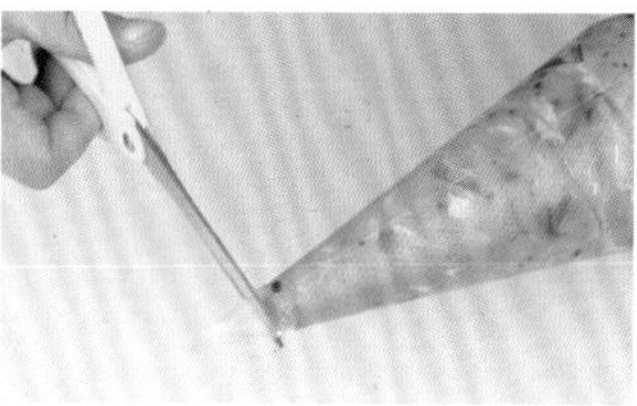

3 取出肉泥，加入菠菜段，搅拌均匀后装入裱花袋中，备用。

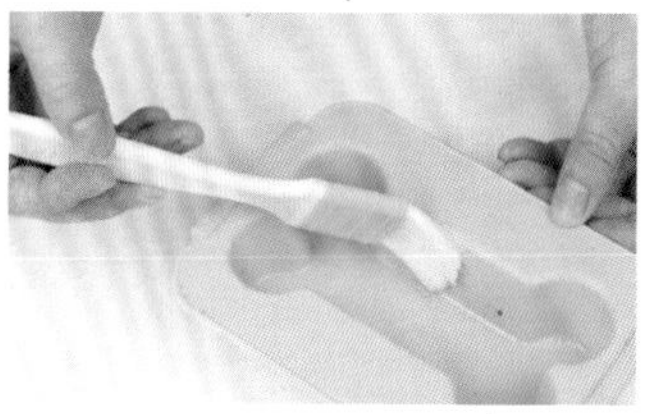

4 取小骨头模具，在模具中抹油，防粘。

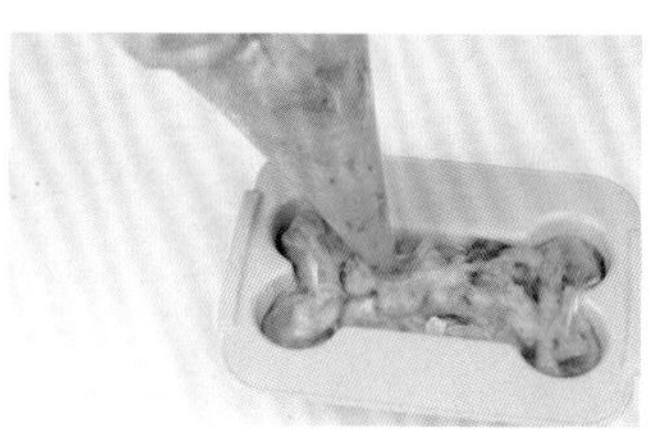

5 将肉泥挤入模具中，抹平并压实。

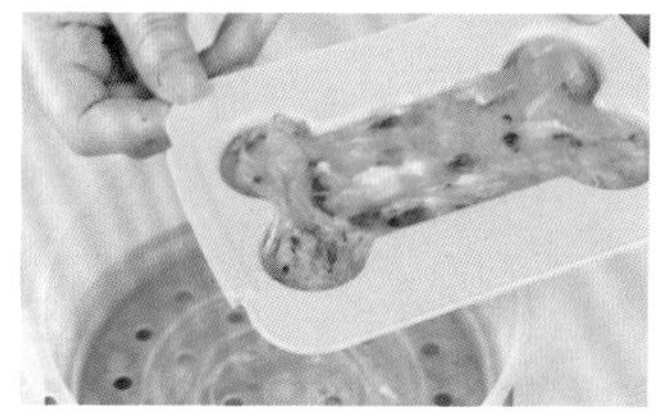

6 将模具放入蒸锅中，蒸 25 分钟即可。

龙利鱼肉质鲜美，富含蛋白质，脂肪含量很低，非常适合制作宠物食品。

南瓜中富含的胡萝卜素可以很好地在狗狗体内转化为维生素 A，与鱼肉一起食用，可以更好地消化吸收。

枸杞中富含维生素 E，常吃有益皮肤和心脏健康，但不可过多食用，过食容易导致狗狗上火。

TIPS: 非常鲜嫩的鱼糕，搭配番茄酱汁、酸辣椒酱汁，你就可以慢慢享用了。

此款滑嫩的小零食，狗狗和猫咪都喜欢。

三文鱼菠菜鸡蛋糕

准备食材

三文鱼…… 50 克　山药……20 克　菠菜…… 2 小根　鸡蛋……2 个
水…… 40 毫升　植物油……少量　淀粉……适量

具体步骤

1 菠菜洗净、切碎，焯水，备用。

2 山药去皮、切成小丁，备用。三文鱼切成小条，备用。

3 鸡蛋打散，加入淀粉和水，搅拌均匀。在蛋液内加入山药丁和三文鱼条，搅拌均匀。

4 模具中铺上油纸，四周刷油，防粘。倒入蛋液，再放入菠菜碎。将模具放入锅中，蒸 15 分钟即可。

课堂指导

菠菜含有草酸较高，应避免与食物中的钙形成草酸钙结晶而引发结石。建议先将菠菜焯水后再与其他食材混合即可。

鸡蛋和三文鱼都是富含蛋白质的食物，三文鱼含有不饱和脂肪酸，不会导致狗狗肥胖。

TIPS: 这款食物非常适合幼犬或猫咪作为辅食食用，营养丰富，且易消化。

出锅后，在鸡蛋糕表面淋上少许生抽和芝麻油，就可以作为你的营养早餐了。吃完就可以能量满满地上班了。

蜂蜜紫薯香蕉

准备食材

牛肉……100 克　紫薯……50 克　玉米粉……60 克　小麦面粉……30 克
羊奶粉……20 克　香蕉……1 根　蜂蜜……10 克　水……适量

具体步骤

1 将小麦面粉、玉米粉、羊奶粉和水充分混合，揉成面团。
2 将牛肉洗净、切块，放入料理机内打碎。
3 取适量面团压成长条形两片，包入牛肉馅，揉成香蕉的形状，放于蒸屉中。
4 紫薯洗净、去皮、切碎，撒在香蕉包表面，上锅蒸 25 分钟后取出，凉凉。
5 将香蕉去皮，压成泥状，加入少量蜂蜜，淋在香蕉包表面即可。

这是一款专门为狗狗设计的形似香蕉的小点心，香蕉虽然含有丰富的膳食纤维，可以促进排便，但因含糖量较高，并不适合给宠物大量食用。

少量的蜂蜜淋在食物的表面，可以让狗狗喜欢上这款为它们特制的“甜”品，蜂蜜中含有较易消化的葡萄糖和果糖，且含有丰富的氨基酸和矿物质，为狗狗提供丰富的营养。

TIPS: 蜂蜜中含有活性酶成分，过高的温度会破坏活性酶，所以不建议使用超过 60℃的温度加工，最好使用常温或者低于 60℃的温度加工。

牛肉鳕鱼干豆腐卷

准备食材

牛肉……120 克
鳕鱼……70 克
干豆腐……1 张

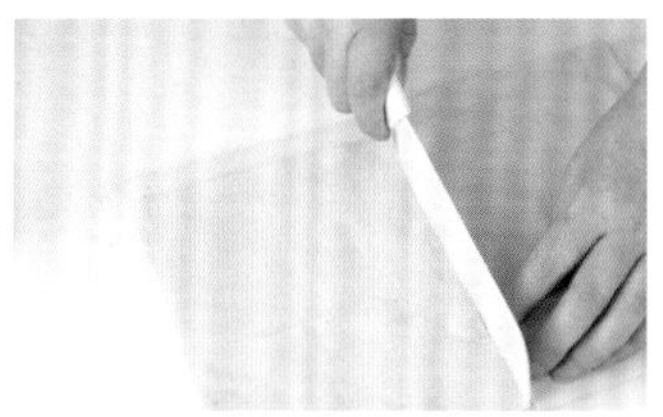

1 干豆腐提前用冷水泡软，备用。

2 将鳕鱼去刺，切丁，备用。

3 牛肉洗净、切块，与鳕鱼丁一起放入料理机内打成肉泥状。

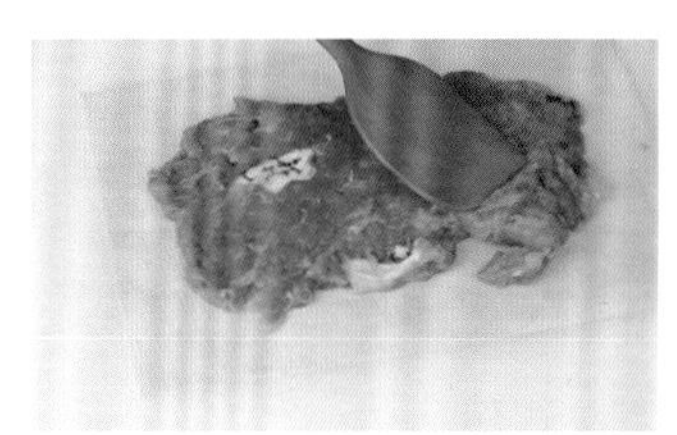

4 将肉泥均匀地平铺在干豆腐上，不要太厚。

5 将干豆腐从一边卷起，卷成卷。

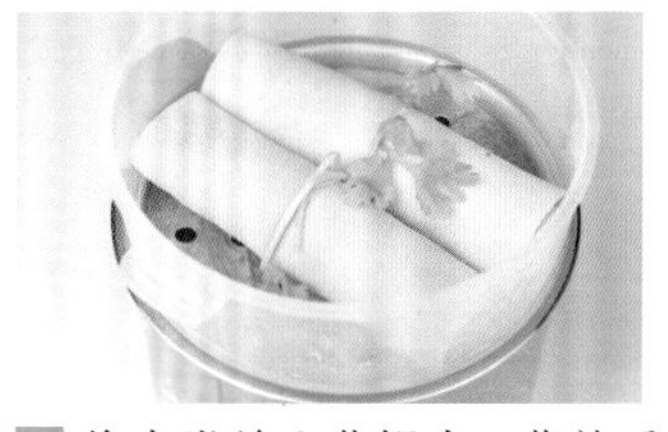

6 将肉卷放入蒸锅内，蒸熟后取出，切成厚约1厘米的块即可。

鳕鱼富含蛋白质，脂肪含量低，肉质鲜美易吸收。

牛肉富含蛋白质和铁，可增强造血功能，防止贫血。

干豆腐中含有丰富的优质蛋白，并含有大量卵磷脂，可以保护血管，预防心血管疾病。

TIPS：使用生肉打成细泥，过于粗糙的肉粒会让干豆腐卷容易松散。在卷肉卷的时候，尽量将干豆腐卷紧。

日式营养饭团

准备食材

三文鱼……80 克
鸡肉……50 克
胡萝卜 ……20 克
菠菜……20 克
米饭……1 小碗
奶酪片……10 克
海苔碎 ……少许

具体步骤

1 米饭凉凉，备用。
2 将胡萝卜、菠菜洗净，分别榨成汁，分别与米饭混合成不同颜色的米团。
3 将鸡肉和三文鱼煮熟、切碎，与奶酪片混合成馅料。
4 取适量的不同颜色的米饭团，用保鲜膜包裹住，并填入馅料，捏成饭团形状。
5 在饭团表面用海苔碎粘出不同的卡通动物的造型即可。

课堂指导

用鲜榨的蔬菜汁将米饭揉成不同颜色的饭团，既漂亮又食用安全。

狗狗是无肉不欢的小动物，我们将丰富的馅料用米饭团包裹住，狗狗一口下去，就有惊喜。

TIPS: 饭团可以做出各种各样的造型，放在小餐盒中，调一些青芥末和酱汁，你就做成了给宝宝的营养便当了。

越南春卷

准备食材

三文鱼……200 克　春卷皮……5 张　秋葵……2 根
菠菜……2 根　胡萝卜……1 小块　豆芽……1 下把
鹌鹑蛋……6 个　小番茄…… 4 个　食用油……适量

具体步骤

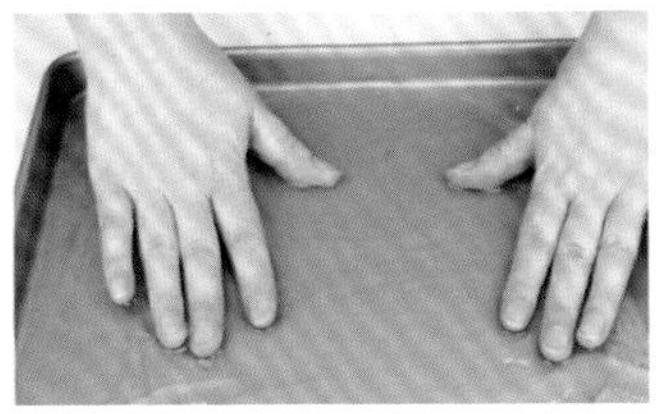

1 春卷皮提前用冷水泡软，备用。

2 秋葵洗净，切片，焯熟，鹌鹑蛋一切两半，小番茄切块、胡萝卜切丝、三文鱼切条，备用。

3 煎锅加热，加少许油，放入胡萝卜、三文鱼，煎熟。

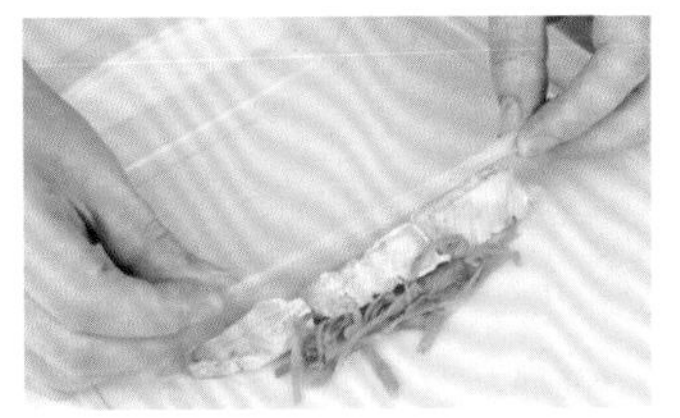

4 用春卷皮将所备食材，自由组合，卷起来即可。

课堂指导

这款美食非常适合平时有便秘的狗狗食用，食材中使用了非常丰富的蔬菜，富含纤维素，并且卷在春卷皮中可以让狗狗很容易吃下去。每款春卷中都加入了肉或者鹌鹑蛋，这会让狗狗更加喜爱这道美味。

TIPS: 越南春卷的淀粉含量较低，也很薄，需要在 40℃温水中浸泡 10~15 秒，时间过短会硬，过久又会过软不易取出。

香菇鸡腿豆芽饭

准备食材

鸡腿肉……120 克　西蓝花……40 克　豆芽……30 克
香菇……15 克　米饭…… 90 克　玉米油……10 克

具体步骤

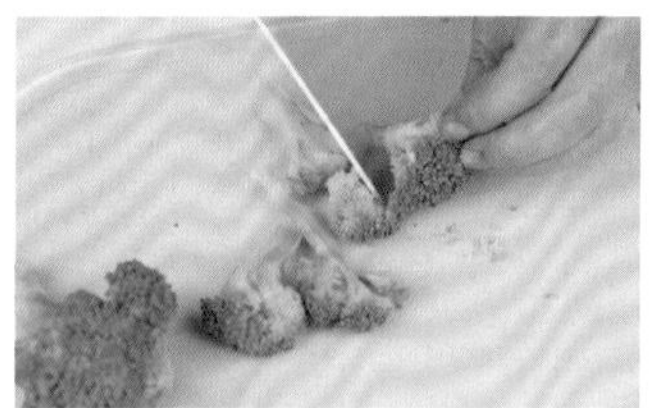

1 鸡腿肉洗净，切成小块，备用。西蓝花洗净，切小块，备用。

2 锅热加油，放入鸡腿肉翻炒片刻后，加水炖煮。

3 15 分钟后，加入香菇、豆芽和西蓝花继续炖煮至沸腾。

4 加入米饭，搅拌均匀即可。

香菇中的多糖能增强细胞免疫功能，抑制癌细胞生长。

TIPS：“家长”在日常蒸米饭时，可以多蒸一些，方便给狗狗制作这道营养鲜食。

龙利鱼黑豆苗饭

准备食材

龙利鱼……220 克　黑豆苗……30 克
米饭……90 克　玉米油……10 克　鸡蛋……1 个

1 米饭中，加入鸡蛋搅拌均匀，备用。

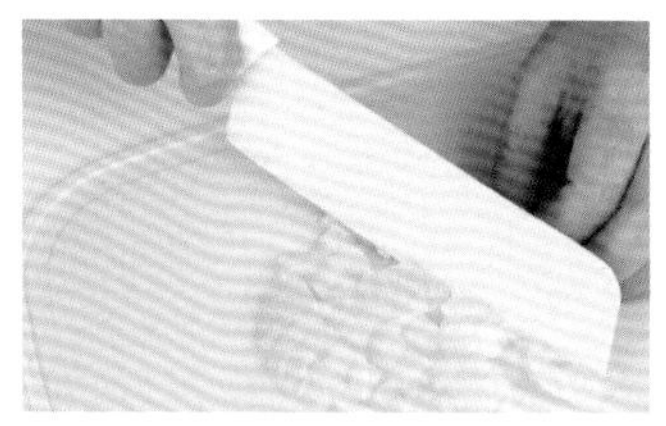

2 龙利鱼肉去刺，切成小块，备用。

3 黑豆苗洗净，切碎，备用。

4 锅热加油，加入鱼肉块翻炒，八分熟时加入黑豆苗继续翻炒。炒至黑豆苗熟时加入米饭翻炒片刻即可。

龙利鱼肉质鲜美，富含蛋白质，脂肪含量低，不用担心狗狗食用后发生肥胖的问题。

黑豆苗富含纤维素，可以促进胃肠蠕动，保护肠道健康，防止便秘。

图书在版编目（CIP）数据

我和毛孩儿的幸福食光：一学就会的狗狗营养餐 / 景小俏著.
-- 哈尔滨：黑龙江科学技术出版社,2019.4
（景小俏宠物美食课堂）
ISBN 978-7-5388-9939-9

Ⅰ. ①我… Ⅱ. ①景… Ⅲ. ①犬 - 饲料 Ⅳ.
①S829.25

中国版本图书馆 CIP 数据核字(2019)第 011768 号

我和毛孩儿的幸福食光：一学就会的狗狗营养餐
WO HE MAO HAIR DE XINGFU SHI GUANG YI XUE JIU HUI DE GOUGOU YINGYANG CAN
景小俏　著

项目总监　薛方闻
策划编辑　焦　琰　张云艳
责任编辑　徐　洋　张云艳
封面设计　佟　玉
封面摄影　陈雪松
内文摄影　王浩波
出　　版　黑龙江科学技术出版社
　　　　　地址：哈尔滨市南岗区公安街 70-2 号　邮编：150007
　　　　　电话：（0451）53642106　传真：（0451）53642143
　　　　　网址：www.lkcbs.cn
发　　行　全国新华书店
印　　刷　北京天恒嘉业印刷有限公司
开　　本　787mm×1092 mm　1/16
印　　张　8.5
字　　数　200 千字
版　　次　2019 年 4 月第 1 版
印　　次　2019 年 4 月第 1 次印刷
书　　号　ISBN 978-7-5388-9939-9
定　　价　49.80 元